愉園築夢

有機小農與開心農場的實務經驗

劉蜀臺——著

自序

大部分的人在一生中，都曾懷有陶淵明「採菊東籬下，悠然見南山」的田園夢。我從小在台中清水鄉下的眷村長大，童年家父就帶著我到田野、海邊狩獵及釣魚，就讀海軍官校時的每年寒暑假，也常到初中葉同學父親在梨山的果園幫忙摘水果，看到滿園的水蜜桃、蘋果、梨子，心想爾後退休買塊地種些蔬果、花樹……多開心啊，我的田園夢就這樣開始萌芽了。

服務海軍多年後退役，2013年終於在屏東高樹大路關台地上找到理想的農地，女園主特予命名：「愉緣有機農園」～簡稱「愉園」，也成爲親友們常到訪的「開心農場」。園區面積4.2分，位處中央山脈南段北大武山西側的丘陵地，標高140公尺坡度不大排水極佳，背山面對隘寮溪及屏北平原景色秀麗，可遠眺高雄市區、佛光山、斜張橋、旗山及美濃一帶，又處高樹鄉水源保護區內，空氣及水質極優，是理想的有機種植及退休養生之地。

近年許多研究文獻顯示：人類罹癌的機率提高，跟食用自化學農藥、肥料種植及養殖出的農漁牧產品有關，而尊重自然的有機耕種將是農業未來發展的必然趨勢。爲此，我曾受過兩個月的「有機蔬果栽種培訓班」的訓練，並用三年的時間通過愉園的有機驗證及獲得環保農園的證書，正式成爲有機環保小農，從原地主的鳳梨田，改造成花木扶疏、生態自然、菜香果甜的開心農場及有機農園，從事農作十年來，體驗了農務的辛勞、收成的喜悅，也累積了許多農漁牧的實務經驗。

以前在海軍服役時任務繁忙，如何化繁爲簡？舉凡保養、訓練及戰備都有標準作業程序（SOP）因應。愉園自開園耕作及推廣有機農業以來，慕名來訪的農、好友，包括：有機農作參訪交流、以工代宿實作、家族親人渡假、海軍同學（袍）歡聚及教會兄姊禮拜靈修……等已達8、900人次之多，充分發揮了開心及有機農場的功能，期間也有很多人會問相同的農漁牧問題，心想乾脆比照海軍的SOP，將有關有機農業的各種問題及實務經驗寫成SOP，陸續在網路的農、好友群組發布，除能詳盡說明，也可節省回覆的頻次及時間，沒想到10年來已累積了近300篇的PO文及數千位忠實同好。近幾年已有多位好友力勸我出書，幾經思量：彙整出書除可提供開心農場及有機農友參用外，也可爲愉園從事有機農業十年來留下珍貴的印記。

閱讀本書時，建議讀者先體認第壹篇：自然氣候、生態保育及園區有機耕種後會出現的野生動、植物。依序瞭解第貳篇：有機生產管理～有機農作、固、液態肥運用及病蟲菌害的有機防治。第參篇：花卉樹木～有各種景觀喬（灌）木（牛樟、杜英、木蘭、夜合、山茶花……等20餘種）、花卉（曇花、貢菊、孤挺花……等30餘種）及水生（畔）植物（荷、蓮花、萍蓬草、鳶尾花及穗花棋盤腳等4種）及第肆篇：各種蔬菜、根（塊）莖及瓜類等25種介紹，可供各位農友種植參用。對淡水魚、雞鴨鵝及蜜蜂（定置式）

養殖有興趣的農友，可參閱第伍篇：水、畜產養殖～有很多實用的解說。

第陸篇：一般果樹～包括鳳梨、木瓜、香蕉、芭樂、檸檬、諾麗果、香果、神祕果、蘋婆、羅李亮果、紅龍果、百香果、荔枝、酪梨、桑椹、草莓及金棗的介紹及種植管理都具有參用價值。因受地球暖化的影響，近幾年國內興起種植南洋熱帶果樹的熱潮，包括：咖啡、可可、牛奶星蘋果、黃金果、紅毛丹、榴槤、山竹及龍貢等，愉園都已克服萬難且種植成功，願與農友們分享實務經驗，請參用第柒篇：新興果樹。

很多人對農產品加工很有興趣，食用有機農產加工品更健康及安全，開心農場的親友來訪，接待品嘗及當伴手禮時也一定會更加開心，可參用第捌篇：農產品加工～包括葉菜、瓜類、花卉、水果、魚禽、肉品、蜜蜂產品及其他加工類。溫馨提醒：有機農產加工品對外販售前，要先通過有機農產加工品驗證喔。農園一般地處偏遠，鄉間請工不易，有些喜愛DlY自建及自修的農友，可參考第玖篇：園區自建（修）小工程～包括油漆木工、鐵工、泥作、水電及複合類。DlY前務必衡量自己的體能，一切以安全為重。

此書的出版～特別感謝家人、老師及好友們的鼓勵、協助與支持。

▲ 日曬咖啡豆

▲ 火龍果裝箱

▲ 榴槤樹開花

▲ 黃金果篩選中

▲ 園區導覽參訪

第壹篇
自然生態

第一章
自然氣候生態保育

第1節：自然多樣的「有機生態」（2015.10.06）

愉園成立兩年多來，基於「有機生產、健康生活及平衡生態」的「三生」理念，從事有機耕作，發覺園區的土壤及環境逐步回復自然及有機的最佳狀態。

愉園主要員工，除家父及男女園主外，另有數量極多的蚯蚓、螻蛄（鬆土）、蜜蜂（授粉）、瓢蟲、蜘蛛（除害蟲）及青蛙（除蚊蠅）等任勞不怨的有機員工，大家每日辛勤地工作著。

▲七星瓢蟲（陳榮章驗證）

▲正在紅龍果花授粉的～蜜蜂

▲日本赤蛙

由於不用化學農藥肥料環境極佳，經常有竹雞、夜鷹、斑鳩、大、小白鷺、雨燕、杜英、烏龜、麻雀、樹雀、畫眉、白頭翁、烏秋、蜻蜓……到訪，偶有五色鳥、伯勞、蛇、野免及老鷹過境，都帶給愉園極大的驚喜。想到當初對有機的堅持與付出，才能有今天這麼美好的享受與回饋。

▲螻蛄

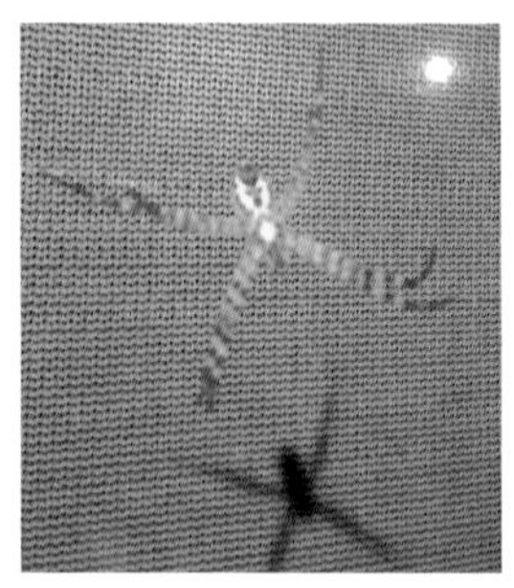
▲狩獵中的～蜘蛛

▲陸龜

▲臭青母

第2節：豪雨中的室內工作及晴耕雨讀（2018.08.28）

由於地球暖化的極端氣候，屏東近期豪大雨，許多農地淹水農作物損失慘重。當初買地就已先考量淹水問題，特別選在標高140公尺的大路關台地上，東側隔一高爾夫球場緊鄰大武山山脈，西側緩斜坡可遠眺隘寮溪（高屏溪的支流）及屏北平原，地下水源充沛、無土石流及淹水顧慮。

豪雨期間也易遭雷擊，除了利用雨停空檔餵食雞鴨魚外，爲了人員安全實在不宜到室外農務，男女園主只能利用時間在室內整理農具、農用資材、庫房及儲物架了，也算是園區的另一種高裝保養。

農園庫房的大小一般要考量：割草等農機、農具的種類數量、水電、泥作工具及有機肥料、果箱套袋、防病菌蟲害……等農用資材的容量，開心農場一般約2～8分地大，庫房（含農機具間）規劃5～10坪的空間，並設置儲物層架及掛物架（節省空間）應夠使用。

「晴耕雨讀」～自古就是農夫順應自然天候的生活寫照，也是農家的祖訓。愉園位處高樹鄉廣興村，是客家文學家鍾理和（1915-1960）的出生地，現還保留其故居開放供遊客參觀，愉園男女園主也受其薰陶，近期讀了鍾理和的笠山農場（描寫農場的生活、農務及愛情故事。）、陳冠學（1934-2011）的田園之秋（作者回歸田園熱愛鄉土，創作的不朽經典散文。）、有機農業……等，也從網路讀到一些養蜂的知識。

▲ 儲物架

▲ 庫房整理後～之一

▲ 庫房整理後～之二

第3節：農漁牧的「防寒作業」（2017.12.18）

近期寒流一波波來襲且愈來愈冷，愉園爲了減少寒害，採取下列防寒措施：

一、爲防池魚凍傷，除將魚池水位加高外，另進水（地下水）時間調整爲半夜2點，因爲此時一天最冷，地下水溫度較高，可綜合後提高池水溫度。

二、蔬果噴（澆）水時間改爲白天，防止夜間寒冷時淋（凍）傷植物葉面。

三、熱帶果樹苗於15°C時會受傷，4°C時可能會凍死。特於樹苗西、北、東三方加圍透明塑膠布（不影響光合作用）或上蓋遮光網，以防寒害。

四、珍貴果樹可於寒流來前，用乾稻草及樹葉覆蓋根部，並全樹噴液臘防凍傷。

五、木黴菌搭配甲殼素（有機可用）有防寒效果。

六、雞隻最佳生長溫度爲27度，低溫會受寒生病。於雞舍用60瓦傳統燈泡，上加鍋蓋（增加向下輻射溫度）設立暖房，以供雞隻取暖。

七、雞舍的飲水及飼料中分別加米酒及蒜頭粉，以增強雞鴨抗寒能力。

愉園上述防寒措施可供各位農友參用，當然不同農牧會有不同作法。希望農友們做好防寒措施以減少寒害。

▲ 熱帶樹苗四週用透明塑膠布禦寒

▲ 熱帶樹苗上蓋遮光網

▲ 雞舍的暖房

第4節：因應颱風來襲的甲級「防颱措施」（2017.07.29）

▲女園主颱風來襲前搶收冬瓜

在海軍練就了氣象判讀及防颱作業能力，沒想到退休後的農務生活，居然還派得上用場，特別是對颱風動態的掌握及防颱措施，感謝海軍的教育及訓練。

經統計：每年颱風大都在關島附近北緯15度左右的海域生成，約有15%的颱風會侵襲台灣，其路徑80%是由東向西，經中央山脈的阻擋及破壞，風力會減弱。

在秋季開始的東北季風是順時針旋轉，颱風是逆時針旋轉，颱風在北部地區及海面通過時，會與東北季風輻合成共伴效應～風力更強雨勢更大，這也是秋颱在北部破壞力強的原因。

中、南部地區在夏季西南季風期遇颱風也會產生類似的共伴效應，但因有護國神山中央山脈阻隔，夏颱共伴效應的風力沒有北部秋颱這麼大，但颱風過後引進西南氣流的雨勢卻非常驚人。

少數颱風經過巴士海峽在南海增蓄能量後，直撲南高屏及西部地區，由於未受地形破壞，風力劇烈破壞將非常嚴重。各位園主要小心防範。

建議園區颱風前後防風防雨的甲級防颱措施如下：

一、隨時透過媒體掌握颱風動態，也可買氣壓計掌握園區即時氣壓變化，並預劃及執行防颱措施。

二、將成熟及接近成熟的蔬果盡速採收，以減少損失。

三、檢查及改善排水系統，減少淹（滯）水時間（一般蔬果浸泡水3天以上，就易爛根病變而枯亡）。

四、修剪果樹枝條減少受風面。

五、用鋞管、木（竹）桿及繩索（或鋼絲）固定果樹，其架構方式有：主幹1支固定法、主副幹2支對綁法、ㄇ型支撐法、3角支撐法及4邊固定法，珍貴果樹也可綜合混用。

六、農舍、雞舍及車棚加強防颱作業。

七、蜂箱先餵食糖水及花粉後，採就地防颱，以防被強風摧毀（詳見：伍篇、三章、13節）。

八、颱風過境期間，生命無價一切以人員安全爲重，不應因風損而出室外冒險搶救其他身外之物。

▲ 用鋞管及竹桿併用防颱

▲ 修果樹枝葉～以減少受風面

▲ 景觀落地窗防颱

▲ 氣壓計

▲ 一支主幹固定法

▲ 主副桿2支對綁固定法

▲ 珍貴果樹～ㄇ型支撐加補強固定法

▲ 四週固定法

第5節：強颱尼伯特帶來的「風損及教訓」（2016.07.11）

雖然完成甲級防颱，但強颱尼伯特風力實在太大，造成愉園的損害如下：

木瓜5株（共種30株）、香蕉4株（共種30株）全斷無救，都是因為結果（待收）太重而折斷，黃金果共種27株，其中2株由主幹全斷無救，12株支幹斷裂尚可存活長新枝，套袋待收的黃金果實約損失五分之二，實在可惜（颱風前只出貨兩箱）。景觀樹2株全斷無救，其餘傾斜的可扶正救活。總結愉園這次算中度損害。所幸最重要的人員均安，紅龍果、檸檬無恙，農舍、落地窗、車棚及網室均無損傷。目前可自力復原中。

經驗與教訓如下：

一、氣象原預報由北部外海通過，又改花東之間，最後在太麻里（愉園正東約35公里）登陸，9點左右颱風眼還通過愉園上空，颱風路徑瞬息萬變，真的不能心存僥倖而掉以輕心。

二、香蕉及木瓜雖用2-3支竹桿固定，然結了果後上重下輕，大風一吹就斷裂，實在無奈。

三、黃金果樹原產亞馬遜熱帶雨林，因樹種之間搶光生長，造成黃金果樹的幹枝很脆弱，雖主幹已用鍍管垂直固定，爾後仍需要於四週橫向用鍍管加強固定。

▲ 木瓜結果～上重下輕而折斷

▲ 黃金果樹風損折斷

▲ 結果後的香蕉，上面重且受風面大而折斷

第6節：見證植物旺盛的生命力（2015.12.08）

今年8月9日蘇迪勒颱風造成南部農損，愉園木瓜及香蕉全倒10株、20餘株半倒，經過4個月的休養生息，植物也像動物一樣展現了生命的奇蹟。

二株全倒（斷）了的木瓜，竟像人類一樣也有危機意識，在自以爲將死亡前，儘速從殘枝中發芽、成長、開花及結果，而且結實累累，再過幾天就可以採收了。就像不幸輸血染愛滋的孕婦，拼死也要產下新生命一樣，令人動容。

幾株全倒的香蕉，也很快的在倒下母株的有機質裡，發芽、茁壯，很快的也要開花結果了。就像在高山溪谷裡孵化的小鮭魚吸吮父母軀體的養分成長茁壯，然後出海展開延續的生命旅程。

▲ 台農5號木瓜

▲ 風損全倒的香蕉

正如電影侏羅紀的精句：「生命自己會找到出口」，原來植物也是一樣。

▲ 風損四個月後～重新發芽、茁壯、準備開花結果的香蕉

第7節：景觀窗防患鳥類誤闖（撞）措施（2022.05.18）

愉園農舍103年中蓋好10月進駐，客廳設計有三面大型落地窗，當初如此設計的目的有二：

一、三面大落地窗分別面向西、北、東三面不同的景色，就像三幅動人的風景畫一樣。

二、透過向外的大窗，擴大了視野，使僅有8坪的客、餐廳感覺空間大了許多。

近年來，曾發生兩起鳥類誤闖（撞）玻璃窗事件，分別一傷（鳳頭蒼鷹～養傷後野放）一亡（綠鳩），感覺非常難過。

特別選購了老鷹圖案，貼於玻璃窗上，希望對鳥類能有防其誤闖（撞）的效果，也為生態保育盡一分心力。

第二章
野生動物

第1節：春意盎然～「動物篇」（2016.04.25）

愉園入春以來，植物們春暖花開爭奇鬥艷，動物們蟲鳴鳥叫喧譁異常。

晚上的愉園，在寧靜的月色下，螢火蟲翩翩飛舞，青蛙、昆蟲、夜鷹及貓頭鷹們情意綿綿春鬧整晚，像似正演奏著「春之頌」的交響樂團。

白天的愉園，魚池裡的尼羅河紅魚及錦鯉們食慾大增頻游表層索食，除了常見的斑鳩、竹雞、烏秋、白頭翁，天上的老鷹及地上的臭青母也出來巡遊覓食。只有去年初見的陸龜至今尚未現蹤，滿想念牠的，不知牠這一年過的如何？

在愉園近三年來，我們體驗了季節、時序的變幻，也感受到動、植物的生命循環及旺盛的生命力。春天，真是一個「一年復始　萬象更新」的季節。

PS：下列的圖文，已請好友昆蟲專家陳榮章兄指正及補充。

▲ 樹蛙：哈囉！大家春天快樂！

▲ 青蛙夜間求偶～那檔事要搞得那麼大聲嗎？

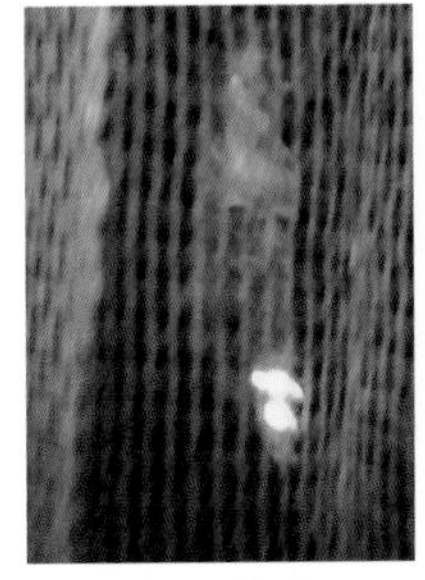

▲ 螢火蟲特寫

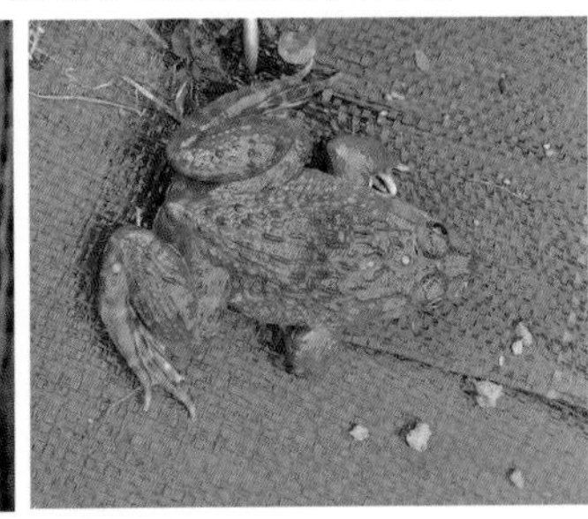

▲ 小時候常釣的大型青蛙

▲ 喜歡光臘木（白雞油）的鍬形蟲

▲ 魚池裡的尼羅河紅魚及錦鯉（要放大看喔！）

第2節：初秋令人驚艷的訪客～「伯勞、螢火蟲、陸龜」(2016.09.03)

初秋緊跟著處暑（24節氣之一～今年為8月23日）悄悄地到來，有誰不愛秋天：這個涼爽而豐收的季節？隨著季節變化，愉園上週陸續有伯勞鳥、螢火蟲及陸龜造訪，讓人體驗到動物與植物間驚喜而美麗的互動。

伯勞鳥：

上週一隻伯勞誤入網室，費了一番工夫捕捉，檢視無礙後放其自由。伯勞鳥：英名Lanius，為一種肉食性小型雀鳥，生性兇猛有「雀中猛禽」之說，古稱「鶪」～伯勞也。身長約18～20公分。屬候鳥，繁殖於日本、韓國、大陸東北地區，初秋8、9月由北方經台灣南下菲律賓南洋一帶過冬，也有部分在南台灣越冬，翌年春天4、5月北返繁殖區。

十幾年前去墾丁的中途～楓港流行烤小鳥～伯勞為主，後來被動保團體多次抗議，還上了國際新聞，再加上伯勞帶有很多蟲菌，國人現已不捕食伯勞鳥了。

螢火蟲：

是一種軀體翅鞘柔軟完全變態的甲蟲，全世界有2000多品種，台灣有60多種。夜間活動時，其腹部7、8節末端下方有發光器，可發黃綠色光，成蟲發光有吸誘異性作用。

陸龜：

台灣有4種原生種陸龜，包括金龜（已列一級保育動物）、食蛇龜、柴棺龜及斑龜。本次造訪園區的經比對應是食蛇龜，有些人愛吃牠，有遭獵捕滅種的壓力。

▲ 螢火蟲特寫

▲ 經查證為～食蛇龜

▲ 伯勞鳥

第3節：來自北方的稀客～「大白鷺」（2016.11.09）

隨著季節的變換，一隻冬候鳥大白鷺突然造訪愉園，覓食著昆蟲、小魚，步伐穩重氣質高貴，飛行姿態優美，男女園主拿起相機展開追星行動，拍到了幾張大白鷺美麗的倩影，提供各位群友分享。

大白鷺：

英名：Great white Egret

科屬：鷺科鷺屬。

在13種白鷺（概分大、中、小及雪鷺）屬中體型，最大長約91公分，無羽冠也無胸飾羽，鮮黃嘴喙和休息時那細長呈S型的頸部很容易分辨，喜歡在沼澤、溼地、池邊等水域覓食，遷移季節成群活動，繁殖期每年3至9月。

▲ 最近的倒影～追星的女園主

▲ 在蜂箱前覓食

第4節：喜見兩組小生命的出生（2017.06.13）

愉園開園近4年來，拒用化肥及農藥，堅持採有機農作，生態自然且豐富，各種昆蟲、青蛙、烏龜、鳥雀經常自由進出園區。

5月中旬在爲芒果樹修枝時，喜見一鳥巢內有4顆漂亮的小鳥蛋，由於不見親鳥經請教好友～爲白頭翁的蛋，一週後孵出2隻，再過一週4隻均全孵出，且都張開小嘴索食了，緊接著連續一週多的梅雨，男女園主非常擔心……，天候一放晴，趕緊探視，4隻雛鳥都已長大離巢展開新生命了，眞是HAPPY ENDING。

6月初巡視黃金果樹，看到隱藏很好的小鳥巢，內有兩粒白色的小鳥蛋，按比例初步研判爲綠繡眼，10天後出生果然是綠繡眼，愉園今年陸續繁衍出兩窩雛鳥，爲自然生態及寶貝生命喝彩。

綠繡眼：學名Zosterops japonicus，一種小型雀形目繡眼鳥科，台語叫青笛（啼）仔，一身青綠色羽衣，叫聲像笛子的聲音而得名，廣東人稱爲相思仔、白眼圈，日本稱爲目白。分佈平地至低海拔山區，主要食物昆蟲幼蟲、植物嫩葉及漿果，平均壽命可達15年。

▲ 喜見4顆鳥蛋

▲ 4隻白頭翁全孵出了

▲ 綠繡眼的卵

▲ 兩隻可愛的綠繡眼

第5節：夜路走多了嗎？落難重生的「夜鷺」（2018.04.15）

近期魚池中的尼羅河紅魚及孔雀魚繁殖出許多小魚，前幾天一隻前來覓食的夜鷺不慎誤入大水桶中，早晨發現時已精疲力竭奄奄一息，趕緊撈起置草地上，經日曬羽毛乾燥後，已平安飛離重獲新生。

夜鷺：學名 Nycticorax 又稱黑頂夜鷺，俗稱夜窪子、暗光鳥仔（台語發音～很傳神），是鷺科夜鷺屬的一種，喜歡夜間於澤瀉、湖池覓食小魚、昆蟲。

十幾年前在水底寮養魚時，經常看到：白天～白鷺鷥、夜間～夜鷺輪班捕食魚塭中的魚蝦，造成損失，養殖漁民恨之入骨，但也很無奈。

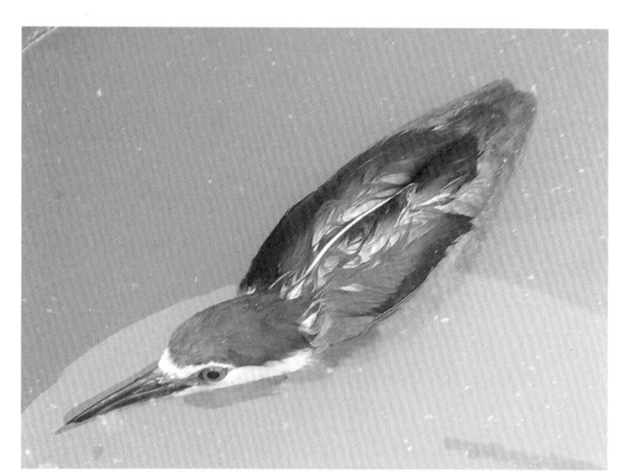
▲ 誤入水桶的夜鷺

▲ 救起日曬中

第6節：誤闖雞舍的「小斑」（2019.10.21）

好友龔家政夫婦來訪，參觀園區時發現一隻斑鳩誤入雞舍。經捕捉、觀察（是否受傷？）及曉以大義（不要再來偷吃飼料了）後，由龔同學負責野放，小斑重獲自由。

斑鳩～鳩鴿科斑鳩屬，中型野生鳥類。台語叫斑甲，「鹽烤斑甲」是鄉間山海產店的名菜，斑鳩雖非保育類，但由於生態保育觀念盛行及無人繁殖斑鳩，店裡大都用養殖的鵪鶉鳥（生產鵪鶉蛋）替代。

第7節：有機員工～「黑冠麻鷺」（2020.04.30）

愉園有機種植近7年來，已有多批麻鷺進駐且來來去去，多年相處已不怕生。

黑冠麻鷺又名黑冠虎斑鳽，臺灣話俗稱「山暗光鳥」，與在海邊魚塭夜間覓食魚蝦的「海暗光鳥」不同，分布在亞洲南部、東部和東南部等一帶繁殖。

黑冠麻鷺棲息於森林裡並常夜間活動，遇警時會伸長脖子偽裝，主要食物為蚯蚓及各類昆蟲，因此是有機環境的重要指標。

▲ 黑冠麻鷺側寫

▲ 小斑的眼神沒有恐懼

▲ 龔同學負責野放，龔同學的嘴形有點小怕怕（與 Jeff Gong）

第8節：不速之客～「鳳頭蒼鷹」（2020.10.05）

秋節連假最後一天返回愉園，竟發現雞舍內有一隻鳳頭蒼鷹，應該是來捕捉老鼠或麻雀（偷吃雞飼料）而被困，研判不是來捕雞的～因爲中、大雞太重抓不住，小雞關在雞籠抓不到。

鳳頭蒼鷹爲鷹科鷹屬的猛禽類，長約40～50公分，分布東北亞、華南、東南亞及台灣地區，爲台灣特有亞種，屬第二級珍貴稀有保育類野生動物。

鳳頭蒼鷹是非常美麗的動物，經檢視沒有受傷且健康正常後，今天（週一）天亮後已野放了。

▲ 檢視健康正常

▲ 看來很生氣的樣子

第9節：奇特的現象～「龜雞同籠」（2018.02.06）

愉園採有機種植，重視環境生態，每年冬春之間都會有陸龜來訪。

上週來的陸龜比往年都大許多，由於是保育類～不能限制其行動，任其在園區自由覓食，沒想到週一回來，陸龜竟穿越兩層金屬圍籬進入雞舍，與雞隻同籠，小時候聽過雞兔、雞鴨同籠，從沒看過「龜雞同籠」，怎麼想都無法瞭解：這隻陸龜是怎麼翻山越嶺進入雞舍的？

昨天把陸龜解救後，經過一夜今晨竟又進入半坪大深60公分的小排水池無法上爬，救起後恭請今天的壽星～女園主再次野放，希望它好好過日子不要再來驚奇了。祝福女園主：生日快樂，壽比龜長。

▲ 龜雞同籠

▲ 女園主野放

第10節：喜歡隨身「帶著雨傘的訪客」（2018.07.20）

今早大水桶又陷入一隻雨傘節。雨傘節又名銀環蛇、寸白蛇……，屬眼鏡蛇科環蛇屬，台灣六大毒蛇之一（其他爲：百步蛇、鎖蛇、龜殼花、眼鏡蛇及青竹絲）。

園區上空經常有老鷹飛翔，地面偶有蛇隻出沒，表示這幾年有機經營極佳，生態健康且豐富，構成了完整的自然食物鏈。

但重視生態保育的同時，也要考量人員的安全，防蛇的措施如下：

一、養成穿雨鞋外出園區工作的習慣。

二、經常割草及整理雜物。

三、減少夜間室外活動，夜間在園區活動，要裝置足夠照明。

四、房舍的外通門要裝門檻保持緊密，防蛇及小動物進入室內。

五、備便捕蛇夾，並放置室外易取得處。

六、雞舍四週佈設防蛇網。

七、萬一不幸被毒蛇咬傷，務必記住毒蛇種類及特徵，並儘速就醫治療。

▲捕捉雨傘節

第三章
野生植物

第1節：美艷多變的「山芙蓉」側寫（2015.10.12）

愉園整地時發現數株野生山芙蓉，特予保育留種。山芙蓉別名——台灣芙蓉，是台灣原生種植物，分佈中低海拔山區，屬於錦葵科木槿屬。

株高3-5公尺，花期8-10月，花直莖約9-15公分，早晨開花時爲白色，中午變淺粉紅色，下午變粉紅色，黃昏前又變深紅色後凋謝，美艷而多變。其顏色變幻之深淺隨日照之強弱多寡而定，而且只有一天的壽命，可謂會變幻的特殊花種。

山芙蓉屬陽性植物，需強日照，而且耐旱耐汙染也耐貧土，可爲庭園樹、綠籬及水土保持。

山芙蓉可製木屐，花瓣可炒炸食用，根部可入藥，爲青草店常用藥材。

▲ 早晨06:30開全白色的花

▲ 10:00時轉淺粉紅色

▲ 含苞待放的～山芙蓉

▲ 15:00時變粉紅色

第2節：台灣原生種植物～「野牡丹」介紹（2016.05.29）

愉園三年多前整地時，發現了幾株野生的台灣野牡丹，特別留下續種，今年開花特別衆多且嬌艷。

「學名」：Melastoma Candidum

「別名」：山石榴、高腳稔。

「科屬」：野牡丹科野牡丹屬。爲常綠小欉木。

野牡丹屬野生花草中花型較大且艷麗的植物，有野花之王的稱號，每年五至七月開花。

台灣屬屏東縣牡丹鄉全鄉繁衍最多，也是牡丹鄉的鄉花，其中高士及四林兩村落分佈最集中，現在正是前往觀賞的好季節。

野牡丹也是中藥材，可治腫毒、痢疾及胃病等。

▲台灣野牡丹特寫

▲野花之王～台灣野牡丹

第3節：難忘的古早味苦中帶甘的野菜～「龍葵」（2016.03.10）

小時候住在台中清水鄉下的眷村，生活清苦，田野、溪邊有許多野生的龍葵，其成熟的黑色果子酸中帶甜是不錯的免費零食，也是餐桌上常有的野菜，可以說是鄉下小孩共同的印記。

龍葵：「英名」Black Nightshade，一至二年生草本。「俗名」：其果黑而亮，故稱「黑子菜」、「烏甜仔菜」。

營養療效：含維生素A、C及鈣。具有解熱、利尿、解毒功效，新鮮的葉、莖搗碎可外敷消腫及治跌打損傷，老一輩經驗說：可治胃病，而且愈老愈苦愈有效。然食用要適量，過量會有嘔吐、拉肚子或喉嚨不適症狀。

食用調理：除熟果可生食外，可做下列調理：

一、將嫩葉、莖汆燙後，加入蒜、薑、醬油拌勻食用。

二、先將蒜、薑切碎用油爆香後，加入嫩葉、莖快炒。

三、放點絞肉煮成龍葵粥。

四、龍葵煮湯有解酒的效用。

五、用龍葵拌肉成餡，包成龍葵水餃。

龍葵遍佈全台是唾手可得的野菜，以春、夏季較佳。每年入春龍葵即在愉園自然生長，女園主摘來炒菜及煮粥，其苦中帶甘的特殊口感讓人回味無窮。各位好友：在這春暖花開的季節，如在自己的農園或外出踏青遇見龍葵時不要忘了摘回按上述方法試吃喔！

▲ 黑色成熟之龍葵果

▲ 龍葵粥

▲ 龍葵幼株

第貳篇
有機生產管理

第一章
有機農作運用

▲ 102年龔同學夫婦來荒蕪的園區探班。臨時的遮陽傘，後面地上是第一批我們夫婦花了11天間種的鳳梨。

第1節：有機田園夢的艱辛與快樂（2019.10.29）

讀官校時寒假的一次梨山之行開始了我的田園夢，爾後服務海軍吃風喝浪近40年，直到退休後在101年才買了地，102年7月面對一片剛採收完鳳梨的荒地，男女園主開始逐步圓夢，當年好友龔同學夫婦特來關心及鼓勵，留下了艱辛的歷史鏡頭，深值回味。

103年10月蓋好及入住房舍，開始了自然有機的農牧生活，5年多來從無到有，種植了各種蔬果及放養雞（鴨）魚自給自足～健康又安心，也種了240多種果樹、水生植物、景觀樹及花卉～賞心又悅目。在晴耕雨讀的鄉居生活中，體悟了人與自然、動植物之間的和諧共存～自在又快樂。

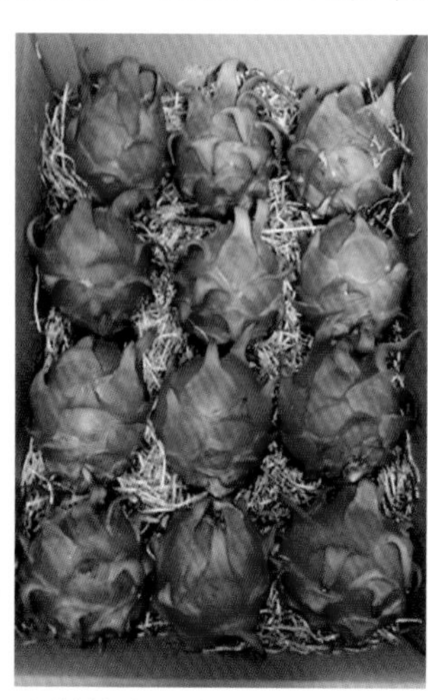

▲ 裝箱宅配的火龍果

▲ 種了20株檸檬，兼種無花果及木瓜

▲ 收成出貨的檸檬

▲ 種了41架164株火龍果

▲ 種了27株黃金果，間種香蕉

▲ 嬌貴且營養的黃金果

▲ 種了30株阿拉比卡咖啡樹

▲ 日曬咖啡豆

▲ 採收的各種蛋

▲ 103年10月房舍完工入住

▲ 蜂箱由1箱擴養成12箱。並收了10位養蜂學生。

▲ 採收封蓋蜜～裝瓶出貨

第2節：費心勞力的「有機驗證」之路（2018.07.21）

傳統農業長期使用大量的化學肥料及農藥，已造成全球自然生態的破壞及提高人類致癌的風險，因此，有機農作已成爲全球農業發展的未來趨勢。目前歐美有機種植的農產品已占市場近50%的今天，我國只有不到4%，實在還有努力及推廣的空間，歡迎有志之士加入有機農業的行列。

有鑑於此，愉園5年前成立時，園主就完成有機蔬果班2個月的培訓，並朝有機耕作方向努力，近期更進一步申請有機認證，經「基本要求」→「受理申請」→「實地審驗」→「驗證決定」→「通過發證」等複雜且辛苦的歷程，本月11日通過「有機轉型期」驗證，獲頒「有機農產品認證證書」～證書字號爲1-007-118027號。再經3年每年的輔導及複驗，終於2021年6月通過查驗獲頒「有機」認證，正式成爲有機農園，感覺非常高興及有成就感。

特別是其中的「土壤」及「灌溉水」的檢驗，其八大重金屬（砷、鎘、鉻、銅、汞、鎳、鉛、鋅）均在容許數據以下很多很多，完全合乎標準，抽驗的水果（有機番石榴）374項「農藥檢測」，均未檢出。這也是愉園多年來堅持自然無毒的信念及努力有機耕種的成果。

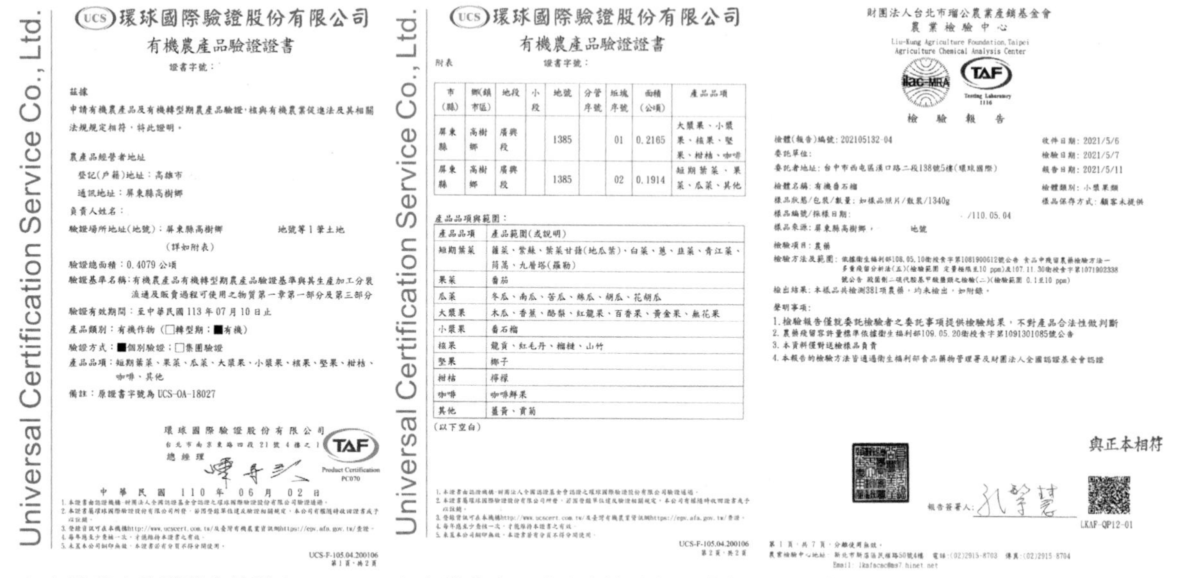

Universal Certification Service Co., Ltd.

(UCS)環球國際驗證股份有限公司

有機農產品驗證證書

證書字號：

茲據

申請有機農產品及有機轉型期農產品驗證，核與有機農業促進法及其相關法規規定相符，特此證明。

農產品經營者地址

登記(戶籍)地址：高雄市

通訊地址：屏東縣高樹鄉

負責人姓名：

驗證場所地址(地號)：屏東縣高樹鄉　　地號等1筆土地

(詳如附表)

驗證總面積：0.4079 公頃

驗證基準名稱：有機農產品有機轉型期農產品驗證基準與其生產加工分裝流通及販賣過程可使用之物質第一章第一部分及第三部分

驗證有效期間：至中華民國113年07月10日止

產品類別：有機作物（□轉型期；■有機）

驗證方式：■個別驗證；□集團驗證

產品品項：短期葉菜、果菜、瓜菜、大漿果、小漿果、核果、堅果、柑桔、咖啡、其他

備註：原證書字號為UCS-OA-18027

環球國際驗證股份有限公司

台北市南京東路四段21號4樓之1

總經理

TAF Product Certification PC070

中華民國 110 年 06 月 02 日

1. 本證書由認證機構-財團法人全國認證基金會認證之環球國際驗證股份有限公司驗證通過。
2. 本證書屬環球國際驗證股份有限公司所發，若因登錄單位違反驗證相關規定，本公司有權隨時收回證書或予以註銷。
3. 登錄資訊可在本機構http://www.ucscert.com.tw/及臺灣有機農業資訊網https://epv.afa.gov.tw/查證。
4. 每年應至少查核一次，才能維持本證書之有效。
5. 未蓋本公司鋼印無效，本證書若有分頁不得分開使用。

UCS-F-105.04.200106
第1頁，共2頁

▲有機農產品驗證合格證書

Universal Certification Service Co., Ltd.

(UCS)環球國際驗證股份有限公司

有機農產品驗證證書

附表　　證書字號：

市(縣)	鄉(鎮市區)	地段	小段	地號	分管序號	坵塊序號	面積(公頃)	產品品項
屏東縣	高樹鄉	廣興段		1385		01	0.2165	大漿果、小漿果、核果、堅果、柑桔、咖啡
屏東縣	高樹鄉	廣興段		1385		02	0.1914	短期葉菜、果菜、瓜菜、其他

產品品項與範圍：

產品品項	產品範圍(或說明)
短期葉菜	蘿菜、紫蘇、葉菜甘藷(地瓜葉)、白菜、蔥、韭菜、青江菜、茼蒿、九層塔(羅勒)
果菜	番茄
瓜菜	冬瓜、南瓜、苦瓜、絲瓜、胡瓜、花胡瓜
大漿果	木瓜、香蕉、酪梨、紅龍果、百香果、黃金果、無花果
小漿果	番石榴
核果	龍貢、紅毛丹、榴槤、山竹
堅果	椰子
柑桔	檸檬
咖啡	咖啡鮮果
其他	薑黃、貢菊

(以下空白)

1. 本證書由認證機構-財團法人全國認證基金會認證之環球國際驗證股份有限公司驗證通過。
2. 本證書屬環球國際驗證股份有限公司所發，若因登錄單位違反驗證相關規定，本公司有權隨時收回證書或予以註銷。
3. 登錄資訊可在本機構http://www.ucscert.com.tw/及臺灣有機農業資訊網https://epv.afa.gov.tw/查證。
4. 每年應至少查核一次，才能維持本證書之有效。
5. 未蓋本公司鋼印無效，本證書若有分頁不得分開使用。

UCS-F-105.04.200106
第2頁，共2頁

▲有機農產品驗證合格證書一附表

財團法人台北市瑠公農業產銷基金會
農業檢驗中心
Liu-Kung Agriculture Foundation, Taipei
Agriculture Chemical Analysis Center

ilac-MRA　TAF Testing Laboratory 1116

檢驗報告

檢體(報告)編號：202105132-04　　收件日期：2021/5/6

委託單位：　　檢驗日期：2021/5/7

委託者地址：台中市西屯區漢口路二段138號5樓(環球國際)　　報告日期：2021/5/11

檢體名稱：有機番石榴　　檢體類別：小漿果類

樣品狀態/包裝/數量：如樣品照片/散裝/1340g　　樣品保存方式：顧客未提供

樣品編號/採樣日期：/110.05.04

樣品來源：屏東縣高樹鄉，　地號

檢驗項目：農藥

檢驗方法及範圍：依據衛生福利部108.05.10衛授食字第1081900612號公告 食品中殘留農藥檢驗方法—多重殘留分析法(五)(檢驗範圍 定量極限至10 ppm)及107.11.30衛授食字第1071902338號公告 殺菌劑二硫代胺基甲酸鹽類之檢驗(二)(檢驗範圍 0.1至10 ppm)

檢出結果：本樣品共檢測381項農藥，均未檢出，如附錄。

聲明事項：

1. 檢驗報告僅就委託檢驗者之委託事項提供檢驗結果，不對產品合法性做判斷
2. 農藥殘留容許量標準依據衛生福利部109.05.20衛授食字第1091301085號公告
3. 本資料僅對送檢樣品負責
4. 本報告的檢驗方法皆通過衛生福利部食品藥物管理署及財團法人全國認證基金會認證

與正本相符

報告簽署人：

LKAF-QP12-01

第1頁，共7頁，分離使用無效。
農業檢驗中心地址：新北市新莊區民權路50號4樓　電話：(02)2915-8703　傳真：(02)2915-8704
Email：lkafacac@ms7.hinet.net

▲無農藥殘留檢驗報告

第3節：現階段從事有機農業可獲得的資源（2020.12.20）

退休後從事有機農作近8年多來，彙整可充分運用及獲得政府提供的資源如下：

(一)各縣市農政單位、大學農業學系及有機相關協會，每年都有有機農作的相關課程及講習（大部分都免費），可上網瞭解及報名參加。

(二)申請有機認證（連續3年）費用合計約80000元，政府有獎勵措施。

(三)有機固態肥使用，每年均有獎勵政策。

(四)灌溉池、桶（不超過100噸）及噴灌系統，可向農田水利會申請獎助。

(五)農地休耕、購買農機具、環保農園、農業資材及天然災害等，政府農政單位均有獎勵及補助政策。

(六)各地農改場及各研究所都有提供有機種植各種問題的諮詢。

(七)土壤肥力、灌溉水質及植物葉子可送農改場檢測。

(八)各縣市的苗圃可憑身分證領取樹、花苗。

(九)檳榔園廢耕及改種的獎勵措施。

▲愉園背負式割草機除草

第4節：有機與傳統習作～「除草工作」之比較（2015.08.05）

一、除草是農務管理中，既費時又費力的工作。愉園採草生有機種植，夏天，每三～四週、冬天，每一～二個月用割草機人工除草乙次，每次約三～四個工作天，耗油約240元（如左下圖）。

二、傳統農作使用除草劑，每次只要半小時噴藥，藥錢僅約100元即可解決，且藥效視濃度長達三～六個月，農地寸草不生，成本極低廉（如右下圖）。但是，除草劑爲化學劇毒，把草殺死，殘藥被果樹吸收，長時以往其結的果實對人體健康絕對有不良的影響。美軍曾在越戰使用落葉劑（除草劑的一種），戰後幾十年來還在殘害越南，嬰兒畸型及百姓罹癌時有報導，越南茶葉、火龍果及其他農產品出口也大受影響。

三、結論：各位群友，爲了您的健康，請多支持有機農業，儘可能購買有機的農產品喔！

▲他園化學除草劑除草

第5節：有機耕作種植前的「整地作業」（2016.04.21）

時機

當土地長期未使用、蔬果收成後及種植前，利用休耕期間實施鬆土整地作業。

目的

因長期壓實或種植澆水造成土壤緊實透氣性不佳，影響後續種植，爲使其恢復透氣性實施鬆土整地作業，以使空氣、水分及肥料能有效供給蔬果根部吸收成長。

方法

一、大面積使用翻土機，小面積使用鋤頭、鐵鏟人力挖土，深度蔬菜20-30公分、果樹50-60公分，土層翻起能使表土與底土互換最佳。

二、曝曬約3～5天除病蟲菌害，期間可趕入雞鴨清除蝸牛、害蟲及蟲卵等。

三、平均分撒稻殼及有機肥於農土，如土壤偏酸可一併加入生石灰或鎂鈣肥，以調升酸鹼値。

四、將土塊敲碎，並與稻殼、有機肥或生石灰（鎂鈣肥）混合。

五、用耕耘機或鐵鋤分畦，以建立排水功能，防泡水爛根，即可開始種植。

▲ 稻殼

▲ 挖（翻）土後曝曬

▲ 再撒有機基肥、稻殼、鎂鈣肥

▲ 混合後整平

▲ 開始種植

第6節：有機耕作「間作與輪作」介紹（2015.12.12）

農民爲充分利用土地，增加生產提高收益，在主要果樹如芭樂、檸檬、黃金果、荔枝等生長期較長的果樹（約3-5年量產）未成長成成樹（未占用太多光合作用空間）前，種植1-3年的短期作物，如蔬菜、鳳梨、木瓜、香蕉、秋葵、洛神等。這就叫做「間作」。

愉園2年多來在主要果樹黃金果及景觀樹之間，成功間作且收成了鳳梨、木瓜及香蕉等三種短期作物。今年鳳梨收完後，十月剛種兩排檸檬（20株），預三年後才能成中型樹量產，因此，在兩排檸檬間分別「間作」一排香蕉。

不同的植物對養分的需求不同，同塊土地採不同作物輪流耕作，可保持土壤肥力、避免特定病（菌）害及增進產量，愉園間作的香蕉經常與木瓜輪作，兩種作物一直收成很好。

▲ 在紅龍果（左立桿處）及檸檬（右立桿處）之間～準備間作鳳梨

▲ 鳳梨間作完成

第7節：有機小農農產品的「銷售通路」介紹（2021.06.30）

經常有有機小農問我：有機農產品如何銷售？彙整愉園多年的體認，有機小農一定要有獲利營生，才能繼續有機耕作及提供有機農產品給消費者，今彙整有機水果銷售通路如下：

一、網路行銷：透過園區參訪及網路廣交喜愛有機產品的同好，由認識有機農作，再認同有機產品，進而成爲忠實客戶。

二、加入有機市集銷售：參加全國各縣市有機市集擺攤，像高雄就有凹子底有機友善市集、微風市集……等，可與客戶面對面介紹有機農產品，並建立行銷模式。

三、透過農會銷售系統出貨：先至地區農會繳驗及填寫相關資料、開戶及送驗農產品無農藥殘留後，即可加入全國農會果菜銷售系統，其出貨流程如下（以愉園產的木瓜爲例）：

1、園區採收經初步篩選後套網袋裝籃框，以防受損。

2、送農會將每粒木瓜放置選重機區分重量、大小。

3、農會專員協助及指導最後篩選，以確保品質。

4、以每箱12公斤爲基準（可多不可少），按大小相同以6-15粒裝箱（每箱粒數愈多，木瓜每粒重量愈輕）。

5、裝箱後於紙箱上面書寫品名、重

量（以公斤計）、粒數、等級、果農代號及出貨市場（由農民決定）。

6、一般中午前送農會出貨，農會貨車夜晚7、8點運到北中南果菜運銷市場，整理分類後明晨2、3點開始拍賣，7、8點就可在菜市場販售了。

7、而拍賣出的貨款，扣除2%的運費、作業費後，第二天就會匯入農民農會信用部辦的帳戶。

8、有機產品因量少，要經申請累積一個量後才能安排有機拍賣，常緩不濟急，現況大都是把有機農產品與一般農產品混在一起當一般農產品拍賣。有機小農只好把吃虧當善行了。

在上述所有銷售過程中，如買方要求開立收據，有機農可依財政部相關規定依格式開立「農（漁、牧）民出售農（漁、牧）產物收據」，免印花稅及營業稅。

各位好友：這些銷售流程牽動許多人的辛勞及生計喔！現在瞭解您吃的農產品的農會銷售通路了嗎？

結論：依愉園的經驗就獲利而言，當然透過網路宅配或面交，自己賣售價最好，再來是參加有機市集，最後是送農會銷售系統。建議有機農友能建立上述2～3種銷售管道，靈活銷售。

▲黃金果及檸檬禮盒

▲宅配出貨

▲送農會運至北農等各市場拍賣

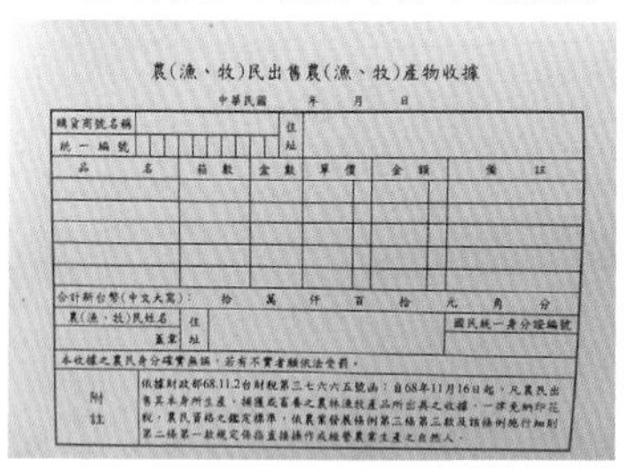

農（漁、牧）民出售農（漁、牧）產物收據

中華民國　年　月　日

購貨商號名稱		住址	
統一編號			

品名	箱數	斤數	單價	金額	備註

合計新台幣（中文大寫）：　拾　萬　仟　佰　拾　元　角　分

農（漁、牧）民姓名　蓋章　住址　國民統一身分證編號

本收據之農民身分確實無訛，若有不實者願依法受罰。

附註：依據財政部68.11.2台財稅第三七六六五號函：自68年11月16日起，凡農民出售其本身所生產、捕獲或畜養之農林漁牧產品所出具之收據，一律免納印花稅，農民資格之鑑定標準，依農業發展條例第二條第三款及該條例施行細則第二條第一款規定係指直接耕作或經營農業生產之自然人。

▲農民出售農產品收據

第二章

有機肥料施用

第1節：有機「固態肥」的認知及運用（2016.02.01）

農作物施肥是按生長階段及肥分需求劃分：基肥、追肥及禮肥三種。「禮肥」：果樹結果收成修枝後實施，有點像婦女產後做月子，以補充果樹因產果而流失的養份。「追肥」：植物定植後，追隨其生長階段定期施肥供給所需養份。「基肥」：果樹定植前配合翻土或定植後調整土壤酸鹼值及增加肥力的基礎施肥。

有機肥也可自己製作堆肥，但自製數量有限，依愉園經驗每年只3～5包不敷使用，不足的還是要外購有機肥。

有機肥的肥力（氮、磷、鉀為主）一般只有化學肥的1/4～1/5，因此，每分地每年要施肥600～800公斤（約30～40包）分6～12次施用。

農委會每年有審核過的有機肥會在網站公告，購買時也可檢視肥料袋上，要有有機資審字號的才是合格的有機肥，其他都是有機質混化學肥或有機成分不合格的肥料。

有機肥最好每年輪用2～4個品牌，因為不同廠牌含的微量元素不同。

園區土壤及灌溉水每2～3年建議送地區農改場檢測，可獲得酸鹼度、有機質、磷、鉀、鈣、鎂、鐵、錳、銅、鋅、鈉及導電度酸等數據，並做果樹營養診斷及推薦詳盡的施肥改善方法。這是政府為農友提供的免費服務，各位同好可充分運用。

▲ 有機固態肥～每包25公斤

▲ 阿猴城牌有機基肥

▲露天菜圃施肥

▲黃金果樹施肥

▲香蕉樹施肥

第2節：有機「液態肥」的自製及運用（2018.08.04）

陽光、土壤、空氣、水及肥料是植物生長的基本要素。愉園是採固態與液態有機肥輪用方式，因爲固態肥（顆粒或粉狀）肥力較強，而液態肥（液體狀）較容易被植物吸收。今介紹有機發酵液態肥的自製方法：

一、將大型塑膠桶（1000公升）洗淨備用（如桶較大或小，使用的有機資材按比率調整）。

二、將水先加至4分滿。

三、將有機資材：魚精（20公斤）、動物食用奶粉（30公斤）、糖蜜（20公斤）、有益微生菌（10公斤）及胺基酸海藻精（20公斤）或其他有機材質分別倒入桶中。有機液肥不可混用化學材質。

四、加水調整：所有有機材質（上述5種）與水比例爲1：5～1：7。「如上述5種有機材質總重爲100公斤，水可加至500公升～700公升。（註：1公升約＝1公斤）」

五、將有機材質與水攪勻並使其溶解。

六、連續5日每日攪動一次，如有打氣設施採斷續打氣，防厭氧發臭而失敗。

七、用紗網（布）覆緊蓋口，防蟲入侵。

八、發酵約1星期氣泡會大量產生，約3週後發酵停止。

九、檢視：如有酸臭味則失敗，如有香醇醬汁味即成功。

使用方法如下：

一、液態有機肥使用前，應將植株附近土壤澆濕，以利液肥較易進入土壤而被根部吸收。

二、使用20公升液肥對500公升（1：25）清水調製。

三、每次澆灌一分地果菜。

四、澆灌以根部爲主，在樹冠下向樹中心1/4處爲重點。

五、如要噴澆葉面，應稀釋到1：500，以防燒葉。

▲ 有機液態肥資材

▲ 有益微生物菌

▲ 魚精

▲ 動物食用奶粉

▲ 褐藻精

▲ 液態肥發酵及儲存桶

第3節：農業廢棄物菇包的處理及再利用（2020.09.09）

國內香菇種植業非常興盛，各種新鮮菇類國產率幾乎100%，然也製造了大量的廢棄菇包（每年約1.4億包），各位品嘗美味香菇的同時，有沒有想過廢棄菇包是如何處理的？

一般菇農有三種處理方式：

一、向縣、市環保局申請清運，費用雖由政府全額補助，然因限預算及能量需要排隊，有時要排3～4個月才輪到，經常緩不濟急。

二、由有機肥料廠回收再製成有機肥，但菇包有塑膠袋及扣環，增加廠商生產成本，回收意願不高。

三、運送給農民再利用，特別是有機農最喜歡使用。

愉園今年與地區菇園合作，回收廢棄菇包先堆置成堆發酵後，再分置果樹下拆袋施用，對園區土壤有機質的增加及植物的成長很有助益。當然如有時間及場地，也可先解開菇包當自製有機肥的材料使用。

▲ 菇園用小貨車送來廢棄菇包

▲ 發酵後置果樹下

▲ 拆解後施用

第三章

病蟲菌害的有機防治

第1節：種植有機蔬果「網室及套袋」作業的重要性（2016.06.04）

由於有機種植不能用任何化學的農藥，因此果實蠅、椿象、蛾類等各種蟲害很多，因此黃金果、紅龍果、芭樂、芒果、香蕉等的各種套袋作業就非常重要，紅龍果開花授粉結果後，約雞蛋大小即用黑色或綠色尼龍網袋實施套袋作業。黃金果及芭樂開花授粉結果後，約乒乓球大小就用PE發泡網，外加薄塑膠袋實施套袋作業。芒果及香蕉著果後就要用小及大紙袋套袋。

套袋作業的主要目的是防阻蟲、蟻，尤其是東方果實蠅的叮咬（會在果肉產卵孵化幼蟲），也可阻絕烈日曬傷。

蔬菜等短期作物，辣椒、韭菜、地瓜葉、紫蘇、蔥蒜、薑黃、九層塔……等較不怕蟲害可種室外菜圃，其他小白菜、山東白菜、芥菜、高麗菜……等十字花科較易受蟲害，應搭網室種植較易種植成功。

▲ 摘除乾的花蒂

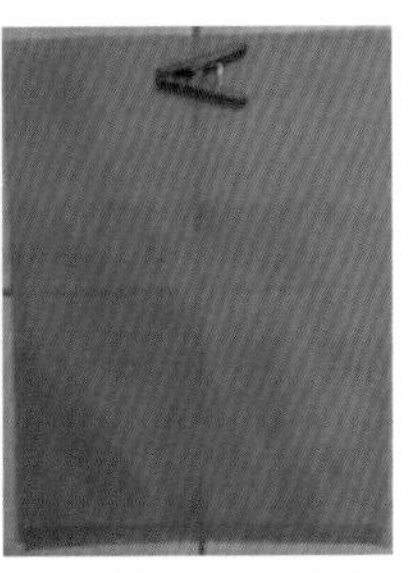

▲ 紅龍果專用套網

▲ 套袋完成

▲ 黃金果授粉結果

▲ 使用套袋～同芭樂

▲ 套袋完成

▲ 整株套袋完成

第2節：東方果實蠅誘殺器介紹（2015.08.15）

一、十多年前台灣進口之農產品不愼引入東方果實蠅（比一般家蠅略小）。果實蠅叮果肉後下卵，孵化成蟲後入土成蛹，再破蛹成蠅，一代一代不斷繁殖。芭樂、紅龍果、蓮霧、黃金果、百香果……等各種水果都遭害。果蠅已成爲目前農業最嚴重的蟲害。

二、目前採用生物防治法：使用之甲基丁香油，爲淡黃色液體且有香味，對東方果實蠅具有誘殺防治效果。本資材各地農會可申請免費提供（視農地面積提供數量），使用於園區四周每20公尺置一具誘殺器，遠距阻絕，不宜掛在果樹下近距離使用（效果不佳），約每個月再添加甲基丁香油乙次，誘殺器可重複使用。

後註：甲基丁香油含有毒性的化學物質，使用時應高掛，並防止滲入土壤，使用前要向有機驗證單位申請及審查。

▲ 東方果實蠅誘捕器之配件～上左：蓋子、上右：底座。下左：吸紙、下右：甲基丁香油

▲ 組合中

▲ 組合完成並吊掛園區四週

第3節：咖啡樹的果小蠹誘殺作業（2019.10.01）

愉園4年前種了30株阿拉比卡咖啡樹，2年前開始採收，選豆時發現有果小蠹危害，影響篩選作業及咖啡品質。

果小蠹屬鞘翅目小蠹蟲科，危害全世界70餘咖啡生產國。主要侵入果實，雌蟲鑽入果胚取食及產卵，孵化後啃食果肉及果胚，致使受害果實無商品價值。

今年愉園特實施果小蠹誘殺作業如下：

一、自製或購置誘捕器如圖。

二、上瓶以1：1比例加入甲醇（加油站可購買）及乙醇（藥局可購買）當誘引劑，下瓶加放肥皂水（淹殺功能）。

三、當咖啡樹開花8週後，至成熟收成期間使用。

四、懸掛於咖啡樹下，每分地約5～6個誘捕器。

五、每月檢查、清理及增補誘引劑、肥皂水乙次。

▲正盛產的咖啡

▲果小蠹誘捕器

第4節：有機防治法～「窄域油」介紹（2016.04.28）

「時機」：植物在冬春交替、冷熱互動及春雨綿綿的環境下，極易遭蟎、介殼、蚜及蝨蟲之侵害及菌類感染。此時，可使用完全有機的窄域油防治上述之蟲、病害，而確保植株之健康。

「材料」：使用天然有機的：葵花油9：無患子油1之比例。

「作法」：將上述材料按比例混合慢火攪拌加熱，會產生乳化（起白色泡沫）現象，即完成窄域油之製作。（註：乳化的主要作用是：附著力增強不易遭雨水沖散而折損防治效果。）

「用法」：加水稀釋200-500倍，於天候良好下午3-5點全面噴灑植株，每星期一次，連續二至三次。

「效用」：對付蟎蟲、介殼蟲、蚜蟲、木蝨及粉蝨使其失水而死亡。另窄域油有窒息作用，可干擾眞菌呼吸，及對白粉病等多種病害有效。

各位好友：如您種植於陽台的盆栽植物有上述病蟲害，也可利用廚房的材料比照辦理，使用有機、安全的窄域油防治喔！

▲黃金果～介殼蟲危害

▲ 窄域油＝葵花油9：無患子油1混合

▲ 乳化中

▲ 使用兩週後～黃金果介殼蟲害大幅改善

第參篇
花卉樹木

第一章
花卉及灌木

▲ 巴西櫻桃

第1節：春意盎然～「植物」篇（2016.03.29）

自古農民日出而作日落而息，按24節氣：春耕、夏耘、秋收、冬藏。

今年3月5日（農曆正月27）「驚蟄」：經過漫長冬天後春雷驚醒冬（休）眠中的動植物，準備開始活動及成長了。3月20日（農曆2月12日）「春分」：此時太陽直照在赤道上，將每日逐步向北移，使處北半球的我們即正式進入春暖花開的春天了。

愉園近二、三週很明顯的看到植物依循季節，陸續由休眠中逐步發芽及成長，展現了春天的氣息及旺盛的生命力。各位好友：請欣賞愉園春意盎然的各類植物吧。

▲ 牛樟

▲ 黃金玉蘭

▲ 楓香

▲象牙木

▲台灣欒樹

▲木蘭

▲山茶花

▲雞蛋花

▲小藍莓花

第2節：月下美人～「曇花」（2016.08.13）

愉園兩年多前在西北及東北角落分別種了兩株曇花，去年每株開4-5朵，今年竟盛開到15-20朵，朵朵清新典雅，男女園主牽手聞香賞花，體會大自然的優美，眞是人生一樂也！

「學名」：Epiphyllum

「別名」：曇華、瓊花、月下美人（因沙漠白天高溫會枯萎，故演化於夜間開花，時間只有幾小時，短暫而美麗，特別惹人憐惜而得名）。

「科屬」：仙人掌科曇花屬，屬熱帶沙漠的旱生性植物。

「原產地」：中美洲、墨西哥、南非。

曇花的花色以白色爲主，現有改良成黃色、紅色的新品種。與紅龍果花極類似，都是夜間約8、9點開花，直徑約30-35公分，早上約7、8點花謝，都是只有一晚的壽命，且都有淡淡的淸香味。不同點在紅龍果的花蕊較偏黃，花房較大，曇花的花型較典雅。

曇花與紅龍果的花，早晨謝時可採收做羹湯，口味及口感均佳，且有潤肺、止咳化痰及淸血的養生效用。

▲ 曇花～月下美人

▲ 特寫

▲ 花期短暫而美麗

第 3 節：野放的「蘭花」（2020.04.10）

野生動物落難，會被送至動保單位治療、養育、訓練後，再被送至適當環境野放重獲自由。

而原在熱帶雨林中生長的野生蘭花，經人類採擷、馴育及繁殖後，卻被定植成盆栽販售及觀賞。

愉園近7年來種了台灣原生種的牛樟、茄苳、紫苳、台灣欒樹及黃槿等景觀樹均已成大樹，且頗有熱帶雨林的生態，逐將文心、石斛、球蘭、嘉德利亞及蝴蝶蘭等各種蘭花移植至樹幹上，蘭花有清新高雅、質樸純潔的美譽，種回樹上不但有紅花綠葉的美感，也算是一種野生植物的野放吧。

▲ 粉紅色及黃白色蝴蝶蘭

▲ 石斛

▲ 白色蝴蝶蘭

▲ 各色蝴蝶蘭

第4節：「貢菊」的種植、採收及貢菊花茶製作（2018.11.26）

▲ 盛開的貢菊

▲ 貢菊特寫

▲ 日曬中

▲ 貢菊花茶封袋保存

愉園今年4月，好友李先生送了貢菊苗，種了7個月上週開始開花～金黃色的花朵小而美，採收時大有「採菊東籬下，悠然見南山」之慨，採收後可製成貢菊花茶。

貢菊又名徽菊，菊科菊屬，原產安徽黃山，草本植物，與杭菊、滁菊和亳菊并稱中國四大名菊，因古代被做爲皇帝貢品，所以叫貢菊。

貢菊花茶的製作：採盛開的花朵清除雜枝後，日曬3-5天或用果乾機50°C烘12-15小時乾燥後（乾溼比約1比5～6），即可裝罐（袋）完成。唯第一年到花店買的貢菊花，因有農藥殘留不能使用。要等第二年3-4月長嫩芽時，摘芽扦插繁殖，並採有機種植，11-12月開花時，才能摘取使用。

貢菊花茶功效：對中樞神經有鎮靜作用，常飲用能平心安神，另有解熱解毒、降血壓、養肝明目等效用。

保存方式：置常溫陰晾乾燥處，可保存12個月，切勿冷藏及冷凍。

使用方法：將15-20朵貢菊花放入熱水杯，以100度C開水先沖潤再倒入熱開水至9分滿，靜待10-12分鐘水溫下降適口就可飲用。另可視個人需要加些枸杞、普洱或甘草等。

第5節：綻放的「孤挺花」（2021.04.02）

愉園在路旁盆植了幾株孤挺花～石蒜科孤挺花屬球根（莖）植物，原產南非、南美洲，花色鮮艷且碩大，呈喇叭狀，有孤傲美艷之稱。

孤挺花的種植管理難度不高，喜歡半日照到全日照，不適合長期置室內，葉片會萎縮倒伏，種植室外於開花時短期放室內欣賞是可以的。

繁殖用子球根分株，最好種於花盆內可控制植株數量及範圍，盆內用一般田土加培養土各半，子球根埋入土中2/3，1/3露出土壤以防爛根，用肥料平均適中，植土乾了再澆水即可。

每年4月開花1次，花期10～15天，有些品種每年可開2～3次花，花色有白色、粉色、淡紅、深紅色、黃色、橙色、紫紅色……等各種顏色，非常多樣美麗，開完花後有夏眠冬醒的特性，葉子會逐漸枯萎，應逐步減少澆水及施肥，休眠期約3～4個月要停止施肥及澆水，每年9月下旬是換土換盆的最佳時機，因爲10月初是喚醒孤挺花的時刻，屆時澆水就能使球根喚醒而長出綠芽。

孤挺花爲極佳的庭院花卉，且占用的空間不大，喜歡的朋友可考量種植。

▲ 淡粉色

▲ 深紅色

▲ 粉紅色

第6節：特殊的花卉～「伯利恆之星」（2019.07.25）

泰山艦老戰友劉先生送了兩株伯利恆之星，愉園經過半年多的培育，總算開花了～非常特殊及美麗。

▲ 整株伯利恆之星

伯利恆之星：百合科天鵝絨屬，原產中東地區，平時盆土略乾才澆水，不喜歡潮溼多雨（根莖會腐爛）的環境，因此在台灣種植較困難。

▲ 盛開的伯利恆之星

伯利恆之星也被稱爲聖誕之星，是耶穌降生在伯利恆時，天上一顆特別閃亮的光體，指引東方博士找到耶穌。因此，伯利恆之星在基督徒心目中，具有特殊的意涵。

▲ 猶太教標誌的六芒星

第7節：春花朵朵開（2016.05.01）

愉園已進入春暖花開的季節，除了先前已介紹過的木蘭、咖啡、吉野櫻、藍蝴蝶及鳶尾花外，近期陸續開花的有：巴西甜櫻桃、愛文芒果、香果（蒲桃）、檸檬、毬蘭、石斛蘭、熱帶梨、紅花玉芙蓉及杏花等，美不勝收。獨樂樂不如衆樂樂，今提供愉園部分員工新春艷照請各位好友觀賞：在繁忙中能賞心悅目，心情愉快。

這些花樹種植的難度屬中度，用心管理育成率高，喜歡的朋友可考量選擇試種。

▲ 巴西甜櫻桃

▲ 愛文芒果

▲ 檸檬

▲ 毬蘭

▲ 石斛蘭（小花）

▲ 石斛蘭（大花）

▲ 香果

▲ 杏花

▲ 紅花玉、芙蓉

▲ 熱帶梨

第8節：五種美麗的「攀藤植物」（2015.11.28）

一、金銀花

學名：Lonicera Japonica。

別名：鴛鴦草、二寶花、雙花、金銀花（因初開時爲白色，2-3天後轉金黃色，而得名）。

科屬：忍冬科忍冬屬。

產地：北美洲、歐洲、亞洲及非洲北部。爲溫帶及亞熱帶耐旱、耐溼樹種，生命力極強。

金銀花是種具保健、藥用、觀賞及生態功能於一體的多年生半常綠藤本植物，具有清熱解毒、消炎退腫、抑菌及抗病毒能力。另可製成金銀花茶、啤酒、洗面乳及香水等。

二、大鄧伯花

學名：Large-flowered thunbergia。

別名：大花山牽牛、通骨消、翼柄鄧伯花、因蔓藤呈右旋性攀爬，另有孟加拉右旋藤之別名。

科屬：爵床科鄧伯花屬。爲常綠蔓性藤木。

原產地：印度、孟加拉。

大鄧伯花生命力強，土壤以肥沃富腐植質土或砂質壤土最佳，通風、日照、排水需良好。其花一串串往下掛，非常特殊美麗。

三、使君子

學名：Rangoon Creeper。

別名：留求子、仰光藤、醉水手。

科屬：使君子科使君子屬。爲攀緣狀藤本植物。

原產地：熱帶亞洲。

使君子幼時呈灌木狀，長大後蔓生可作架攀爬，夏季開花一簇一、二十葩，輕盈似海棠，其花極爲特殊白與紅相間齊開，非常美艷且有特別香味。

四、蒜香藤

學名：Pseudocalymma alliaceum。

別名：張氏紫薇、紫鈴藤。

科屬：紫葳科蒜香藤屬，爲多年生常綠蔓性攀緣植物。

原產地：西印度、巴西、哥倫比亞。

蒜香藤花爲紫色，爲園藝、圍籬、觀賞植物，需設棚架。果實有翅，因花與葉片揉搓後有濃濃的大蒜味而得名。用扦插就可繁殖，花期8-12月。

五、許願藤

原產地：中美洲、西印度群島、墨西哥。

科屬：馬鞭草科錫葉藤屬

近幾年引進國內，又叫台灣紫藤，每年3-10月開花，3月盛開，花色紫色微藍非常漂亮，最近很風行的庭院爬藤。

▲ 許願藤

▲ 白色及金黃兩色的金銀花

▲ 盛開的大鄧伯花

▲ 使君子

▲ 蒜香藤

第9節：秋天的紅寶石～「洛神花」（葵）（2015.11.10）

愉園五月種了10株洛神花，近期已開花結果中。洛神英名：ROSELLEL，別名：萼葵、紅角葵、萼葵果，俗稱：洛神花（葵）。原產印度，1596年引入英國再傳遍世界各地。台灣在1910年由新加坡引進，主要產地在氣候極似印度的台東縣，其他縣市少量種植。

每年4-5月播種或插枝，繁殖力強可粗放，10月開花粉紅相間非常美麗，早上日出開花，中午過後就凋謝，屬短日開花植物，因此賞花早上8-10點最美。開花4週後果實紅艷呈寶石狀，農民暱稱「紅寶石」，是一種可食用花卉。

洛神花用途：

一、洛神花茶：將花果除去種籽後洗淨曬乾，放入沸水約5分鐘後加冰糖關火，冷卻後冷藏飲用。

二、洛神花果醬（汁）：花萼與小苞可加糖熬煮成果醬，稀釋後成果汁，以供盛夏飲用。

三、可製洛神蜜餞及釀造果酒。

養生功效：

一、洛神種籽可當利尿、緩瀉及強壯劑。

二、飲用洛神花茶、果汁有降血壓、抑制癌症、子宮痙攣及驅蟲效果。

三、因含果酸、果膠，可去油膩，如不加糖有去脂功效。

四、含大量維生素C具有抗氧化、美白肌膚功效。

▲ 秋天的紅寶石～洛神花

▲ 開花中

▲ 結果中

第10節：「園籬植物」介紹（2015.09.08）

一、園籬植物具有區隔、防盜（竊）、觀賞、綠化等功能。

二、園籬植物可依個人愛好，種植一到數種，單有獨特的美，多有繽紛的美。

三、大門口兩側種有6株松紅梅，非常美麗高雅，松紅梅原產澳洲、紐西蘭，不是松也不是梅，盛開時繁花似梅，極具觀賞價值。爲中海拔植物，在較熱的南部，愉園種了三批才種植成功。喜歡松紅梅的好友可試試種植，在中、北部植成率較高。

四、愉園大門東側：分別種有七里香（大、中、小葉）、木（朱）槿（紅、黃、白、粉各色）及大花仙丹（黃、粉、紅色）。

五、大門西側：分別種有無刺麒麟、苦藍盤（耐旱耐鹽植物由七股苗圃獲得）、桂花、變葉木（五品種）及春不老（終年常綠開花結紅色小果～五色鳥的最愛）。

多年觀察很多人喜歡將九重葛當園籬種植，除美麗外也可防盜，但九重葛地植長勢很旺要常修剪費工費時，且有刮傷路人產生糾紛的困擾，最後不得不剷除，想種植九重葛當園籬的好友請愼重考量。

上述的園籬植物很粗放極易種植成功，且成長速度適中修剪容易，各園區可視需要選擇種植。

▲七里香

▲大花仙丹

▲松紅梅

▲木（朱）槿

▲苦藍盤

▲變葉木

▲春不老

第11節：滿園飛舞的「四種蝴蝶」（2016.04.19）

愉園女主人特別喜愛藍色的花草，不待指示男園主即種上藍蝴蝶花，以博領導（對女園主的尊稱）歡心。今年第一次開花有一種特殊的象形美。

▲ 飛舞的藍蝴蝶

藍蝴蝶

學名：Clerodenclrum. Gianfranco

英名：Bluebutterfly（藍蝴蝶花）

Blue Glory（藍色榮耀）

別名：藍蝴蝶。因花姿優雅，花色偏藍，形像藍蝴蝶而得名。

分類：馬鞭草科，海州常山屬。常綠灌木，株高50-120公分。

原產地：非洲烏干達，已適應本地氣候。

藍蝴蝶栽培以砂質壤土爲佳，排水需良好，性喜高溫（生長溫度23-32度C），全、半日照均可，冬季寒流會有落葉休眠現象，春夏季開花，花期甚長，盛開時花瓣紫藍色平展，花冠白色兩側對稱，像群蝶飛舞的花姿非常美麗。開花後要矮化修剪，以免愈高愈稀疏，春、秋季用扦插繁殖成功率高。

其實，愉園除了蝴蝶蘭、會飛的眞蝴蝶及上述的植物藍蝴蝶外，女園主每天在園區優雅地蒔花、摘菜及農務，也是另一類大型的美麗蝴蝶。身爲園主的我，每天看著四種蝴蝶在園區翩翩飛舞，眞是賞心悅目美不勝收。

▲ 女園主與大花仙丹

▲ 蝴蝶蘭

▲ 園區的眞蝴蝶

第12節：花期長的三種花樹～「日日櫻、黃槐、官帽花」（2015.11.13）

一、日日櫻

學名：Rose FIowerd Jatropha

別名：琴葉櫻（其葉似琴）、南洋櫻（由南洋引進）、日日櫻。

科名：大戟科痲瘋樹屬。

日日櫻為常綠小喬木或灌木，原產地西印度群島及古巴。花開時花狀如櫻花般美麗，全年均開花從不間斷，故稱日日櫻。非常好的園藝景觀樹，亦可培養成盆栽。

二、黃槐

學名：Cassia SuratIensis

科名：蘇木科

別名：金鳳，原產地：印度、澳洲、斯里蘭卡，屬落葉（12-2月）小喬木，高2-3公尺，花期特長約4-10月。其葉片有夜合現象。

黃槐開花時，其花苞、花朵、莢果皆出現於枝頭，橙黃的花朵於陽光下隨風搖曳，令人著迷愛憐。適合庭院及行道樹。

黃槐可藥用清熱、治腸燥便祕、潤肺。

三、官帽花

學名：HoImskioIdia Sanguinea Retz

別名：很像古代官員帽子，所以叫官帽花。

原產地：印度、非洲。

在台灣為非常讓人喜愛及討吉利的景觀樹及盆栽。

後註：上述三種花樹都是樹型不大、花期較長、花色特別、照顧容易及可改種盆栽的特殊品種，有興趣的朋友可試著種植。

▲ 很像櫻花的～日日櫻

▲ 盛開的黃槐花

▲ 很像一頂古代的官帽

第13節：愈種愈美艷的「山茶花」（2017.03.19）

多年前到杉林溪旅遊時驚見山茶花的美麗多樣，愉園也種了150株各種品系的山茶花。

山茶花不耐高熱，適宜種於中、北部及南部山丘，如南部平地要種要經馴化期適應，最好先買小苗（每株僅約50元）試種，如買中、大苗（500-2000元）陣亡了非常可惜，定植小苗時先遮光（約半日照）一年馴化後，成功率高（愉園約七成）且後續成長快速。

山茶花定植2-3年後開始開花，花色有紅、紅棕、桃紅、粉紅、白、黃、綠、紫、彩色斑紋，花型、大小、花瓣及香氣又有更多變化，難怪有些人對山茶花特別偏愛。

全世界山茶花有5000多個品種，像蘭花一樣都是由愛好者繁殖成不同品種及命名，如「久留米乙女」、「黃御前」、「日本姑娘」是日本人培養的，「伯拜苑」、「沙根特」、「黑色雷絲」是歐洲人培養的，「密西西比」、「阿拉巴馬」是美國人培養的，「十八學士」、「紫禁城」、「革命旗」是大陸地區培養的，「武威山茶」、「柳葉山茶」、「后里山茶」是台灣地區培養的，都非常美艷及有趣。

山茶花花期爲每年11月至翌年4月，1至3月盛開，愉園的山茶花一年比一年旺盛，請各位好友慢慢欣賞。

第14節：艷麗怒放的「九重葛」（2021.01.28）

愉園種了27株的九重葛，近期大量盛開，有深紅色、橘色、粉白色、淺紅色、深紫色、白色、淺紫色……，整個步道兩旁萬紫千紅美不勝收。

九重葛屬於石竹目紫茉莉科灌木植物，俗稱：三角梅、葉子花、南美紫茉莉，原產阿根廷、巴西、南美各地，莖上有彎刺，花期長，在南部高屏地區，除雨季外，一般可全年開花，花朵很特殊，位在花葉（苞）之中，三朵聚生。因花姿自下而上多層花簇，故又稱九重葛。

九重葛屬陽性植物，適溫20-30度C，每天日照要六小時以上，才能生長正常大量開花。其花有單瓣、重瓣或斑葉等品種，有攀爬持性。其管理重點如下：

一、施肥適量，特重磷肥。
二、水不要澆太多，土乾後再澆水。
三、不宜常修剪。
四、每年10月掀起盆底斷根一次，可控制植株大小。

台灣已有多年栽種歷史，早期爲花架、綠籬、庭院花木，現已走向精緻觀賞盆栽方向。

第15節：淡淡的三月天～「杜鵑花」盛開滿園（2018.03.01）

女園主種了一年多的杜鵑今年盛開，一早女園主邀我一起賞花，有深紅、紫紅、淡紅、粉白及白色的花系，想起年輕時流行的名歌〈杜鵑花〉：「淡淡的三月天，杜鵑花開在山坡上……小溪旁……多美麗呀……」

正沉醉在美好的回憶中，冷不防女園主溫情的一句：「老公，生日快樂！」眞是太驚喜了，雖然今年沒有收到玫瑰、蛋糕，但能欣賞女園主辛苦種植的杜鵑花～眞是太美太珍貴了。

▲ 深紅色

▲ 紫白色

▲ 白色

▲ 粉白色

▲ 紫色

第16節：秋季綻開的「奇異花木」（2016.10.26）

時序進入秋冬季，氣候穩定冷暖適中，愉園的花木雖經過三個強颱的傷害，現已逐漸恢復生機，部分特殊品種的花卉正開花中：

1. 洛神花：營養價值高果實像紅寶石，女園主去年做蜜餞很成功，今年準備做洛神果醬，大家拭目以待。
2. 棉花：您一定穿過棉織的衣服，但可能沒看過棉花開花是什麼樣子。這次棉花種籽是網友送的，女園主精心照顧有成，特供大家欣賞。
3. 立鶴花：屬紫色的花系，女園主的最愛之一。
4. 樹茉莉：屬白色花系，女園主的最愛之二。
5. 木蘭：又叫辛夷，外來種，適宜中、高海拔生長，已適應愉園僅140公尺的高溫氣候，有白色及粉紫紅色。

▲ 洛神花

▲ 棉樹開花

▲ 立鶴花

▲ 樹茉莉

▲ 白色木蘭特寫

▲ 紫紅色木蘭

第17節：綻開的「夜合花」（2017.09.09）

女園主親植了兩年的夜合開花了，非常高興。夜合，株高1-2公尺，葉互生，夜間開白色的花～清香而美麗。

傳統客家聚落，每家都會種植夜合，如客家文學家鍾理和故居就種有一株樹齡已近70年的夜合，夜合在客家人文裡有極深切的意涵……。

自古客家女性刻苦耐勞，農耕時在白天為躲烈日，經年都把自己包的緊緊的，忙到夜晚回到家卸下重擔，才露出溫柔慈愛的臉龐奉獻給家人，就像後院的夜合～白天閉合，入夜綻放，花香四溢～一樣的美麗動人。

▲ 夜間盛開的～夜合

第18節：盛開的「小花紫薇」（2021.06.18）

女園主喜愛小花紫薇，特別在園區種了五種不同顏色的品種，現正值開花期。

小花紫薇又叫：滿堂紅、百日紅，屬落葉性灌木或小喬木，原產地大陸華南一帶，花期很長由初夏到秋天，目前花色有淺紫、深紫、淺紅、深紅及白色，非常艷麗，株高可達2～7公尺，矮種株高50～100公分，極適合種盆栽當景觀植物。

讓我們暫時跳脫疫情的沉悶，一起欣賞女園主辛勤種植，且正綻開的小花紫薇吧！

▲ 淺紫色

▲ 深紫色

▲ 淺紅色

▲ 深紅色

▲ 白色

第二章
水生（畔）植物

第1節：荷花（蓮）與睡蓮～「蓮與荷」難分的解惑（2016.06.15）

女園主特別喜愛莫內的名畫「睡蓮」，爲了討其歡心，愉園於30坪的水池種了四盆荷花、六盆睡蓮。很多人對荷花及睡蓮不易分辨，今天做簡要說明如后：

一、荷花是別名，原名及科屬是蓮

學名：Nelumbo. Nucifera

別名：荷花（大部分人使用的名稱）、古稱芙蓉。

科屬：蓮科蓮屬，多年生草本出水植物。

原產地：中國。

荷花生活在水中，通常被種植於池塘、水田中，一般盛開於夏季是有名的夏季花類，花色有白、粉紅、深紅、淡紫色。花謝後於頂部會結蓮蓬（不能叫荷蓬喔！），內有蓮子（不能叫荷子喔！），根部會結蓮藕（不能叫荷藕喔！），蓮子與蓮藕均可食用及繁殖。中醫藥效：活血止血、去濕消風、治跌損嘔血、補身健胃，藥性溫和、味甘苦。

二、睡蓮

學名：Nymphaea. Telragona

科屬：睡蓮科睡蓮屬，多年生草本水生植物。

原產地：古印度。

睡蓮的花色有白、粉紅、紅、黃、紫等多種顏色，有日開種（白天開花、夜間閉合）及夜開種（白天閉合、夜間開花），素有「水中皇后」之雅稱。中醫藥效不明。

三、荷花與睡蓮的區別

兩者外形、生長環境極相似，但親緣關係甚遠，有下列不同：

1. 荷花的葉與花一定挺出水面（故有芙蓉出汙泥而不染的美譽），睡蓮葉浮在水面上，花有些挺出水面有些浮在水面。
2. 荷花的葉呈圓形無裂縫，下雨時葉面上會有明顯水珠。睡蓮的葉有裂縫，下雨時葉面不會有水珠。
3. 荷花會結蓮子及蓮藕，睡蓮不會。

各位好友：上述的解說您會意了嗎？荷花與睡蓮是不同科屬的水生植物。您可以叫荷花（別名）爲蓮（科屬），但您不能叫睡蓮爲荷花或蓮喔（不同科屬）！睡蓮就叫睡蓮吧！睡蓮開的花不要簡稱蓮花（誤會就是因此而起），還是叫睡蓮花吧！

▲ 荷花～白色飛龍（品名）

▲ 睡蓮～白色

▲ 睡蓮～白黃色

▲ 睡蓮～粉紅紫色

▲ 睡蓮～葉浮水面、葉有裂縫，下雨時在葉上無水珠

▲ 睡蓮～夜開型～白色子午蓮

▲ 睡蓮～夜開型，白天閉合

▲ 荷花～葉出水面，葉無裂縫，下雨時在荷葉上可見水珠

▲ 粉紅色荷花

第2節：美麗高雅的「鳶尾花」（2016.04.16）

愉園二年多來在池邊種了黃、藍、白及米色四種鳶尾花，近期正盛開～高雅而美麗。

鳶尾花

學名：Iris，源於希臘語彩虹，表示天上彩虹的七彩顏色都可在這個品系的花色中看到。

別名：鳶尾花，因其花形像似鳶鳥的尾巴而得名。又稱愛麗絲（Iris的中文音譯）。

分類：鳶尾屬鳶尾科。多年生草本植物，株高30-50公分。

原產地：北非、西班牙、黎巴嫩、高加索地區。

鳶尾花喜歡生長在水邊及溼地，栽培以肥沃含有機質之砂壤土爲佳，排水需良好，全、半日照均可，每年3-4月開花。繁殖時，用種子發芽及開花不佳，以球根繁殖最佳。

由於鳶尾花葉莖幽雅、花瓣美麗、屬高貴的花卉，極受藝術家的喜愛，如莫內常將鳶尾花融入畫作，梵谷的「鳶尾花」更是家喻戶曉的世界名畫。

▲ 藍色鳶尾花特寫

▲ 白色鳶尾花特寫

▲ 米色鳶尾花特寫～像不像馬爾濟斯犬？

▲ 黃色鳶尾花特寫

第3節：瀕臨絕種的台灣「萍蓬草」（2016.05.15）

愉園去年從白河購入荷花、睡蓮及兩種萍蓬草。其中的台灣萍蓬草爲台灣特有種，因人爲因素已瀕臨絕種，它被台灣荒野保護協會選爲代表組織精神的圖形象徵。所幸現已人工繁殖成功，但仍稀少珍貴。

▲ 萍蓬草

台灣萍蓬草

學名：Nuphar Shinseki

分類：睡蓮科萍蓬草屬，爲睡蓮科中唯一沒有熱帶種的一個屬，台灣是萍蓬草分佈的最南限。

分布：台灣特有植物，生長在中、北部低海拔沼澤或池塘中。

花期一年四季，花爲圓形雄花呈黃色、雌花在中心呈紅色，它是全世界20種萍蓬草類，唯一有紅色雌花的，其葉片也較薄，非常漂亮且好識別。市面上常有花販以日本萍蓬草（雄、雌蕊均爲黃色）冒充台灣萍蓬草（外～雄蕊黃色、內～雌蕊紅色）高價出售。

台灣萍蓬草是台灣特有，比日本萍蓬草更珍貴的物種。

▲ 日本萍蓬草特寫～無紅色雌蕊

▲ 台灣萍蓬草特寫～有紅色雌蕊

第4節：綻放的煙花～「穗花棋盤腳」（2018.10.18）

四年前用種籽育苗及定植的一株穗花棋盤腳，今年總算開花了。夜幕低垂時開花，成長串狀，由上而下綻放像璀璨的煙花，非常美艷動人，黎明時花謝。

穗花棋盤腳～玉蕊科棋盤腳屬，又名：玉蕊、水茄苳、水貢仔，喜歡潮溼環境，屬瀕危物種，原產地：台灣、大陸東南地區及海南島、大洋洲及非洲。

▲很特別的樹花

▲像在夜裡綻放的煙火

第5節：二種品系四樣花色的「野薑花」（2017.05.31）

愉園在池邊種有兩種品系的野薑花。

第一種品系的野薑花有傳統白色及改良橘色兩種花色，均有特殊的清香味。

第二種品系又叫野（火）炬薑，因開花像火炬而得名，有粉紅色及白色兩種花色，花朵較大但沒香味。

野薑花是薑科野薑花屬，多年生淡水草本植物，喜愛低海拔水岸邊、冬季溫暖夏季潮溼及生長溫度25°C～30°C的環境，種植初期半日照，爾後全日照較佳。

繁殖使用分株法成活率高，一般春季分株後夏季即可開花，花期長達半年，花朵有白色、橘色及粉紅色非常美麗，有水畔花仙子之稱，花謝後冬季可將枝葉剪除，以利來年春天發新芽。

野薑花地植高度可達1～2公尺，不適合盆栽，桃園農改場有矮化培育「桃園1號」及「桃園2號」新品種，高度只有50公分，極適合居家頂樓陽台盆栽種植。

依據愉園的經驗：野薑花很好種植難度不高，喜歡的朋友也可試種欣賞喔！

▲ 白色野薑花

▲ 橘色野薑花

▲ 野（火）炬薑～很像火炬吧？

▲ 盛開的野（火）炬薑

第三章
景觀喬木

第1節：多彩多姿的「雞蛋花」（2016.06.26）

愉園種有傳統白黃色及深紅色雞蛋花，正值花季美艷動人。

雞蛋花

學名：Plumeria. Obtusa

別名：緬梔花、雞蛋花（因其花瓣乳白似蛋白，中間基部爲黃色似蛋黃而得名）、印度素馨。

科屬：夾竹桃科雞蛋花屬。落葉（2-3月）小喬木，株高3-5公尺。

原產地：墨西哥、巴拿馬一帶，台灣於1910年引進栽種。

花期5-7月，除傳統白黃色外，國內的花農很用心引進及自行繁殖了40餘種不同品種及顏色的雞蛋花，有白色、黃色、紅色、粉紅、雜色、深紅及其他顏色，美不勝收。喜歡的好友可去花圃選購喔！唯其白色汁液具有毒性（因屬夾竹桃科而有毒），誤食會造成嘔吐、腹瀉、發燒、嘴唇紅腫及心跳加速，應特別小心防範。

▲ 雞蛋花～傳統色：外白內黃

▲ 雞蛋花～外微粉紅內白微黃色

用途

1. 園藝植栽：種植難度不高，樹姿優美花有香味，爲極佳的庭院樹種。
2. 藥用：花～潤肺解毒止咳、治腸炎、痢疾及支氣管炎。

▲ 雞蛋花～紅色

▲ 雞蛋花～四十多種花色及品種

第2節：落英繽紛的「杜英」（2016.06.11）

愉園2年前種了一株臺灣原生種的杜英，今年盛開滿樹白黃色的花朵特別美麗，還有陣陣的清香味，凋落的花瓣～落英繽紛，讓人有點淒楚的傷痛。杜英環境適應性強，少病蟲害，因開花像杜英鳥的尾羽而得名。

杜英樹

學名：Elaeocarpus. Sylvestris
別名：杜鶯、山杜英、山冬桃
科屬：杜英科，杜英屬，常綠大喬木
原產地：台灣、琉球、華南
用途：
一、樹皮可做染料。
二、可做培養香菇的段木。
三、果實似橄欖可食用或做蜜餞。
四、種籽榨油可做肥皂及潤滑油。
五、樹型優美可當行道及景觀樹。
六、可做建材。

▲特殊而美麗的杜英花

▲盛開的滿樹杜英花

第3節：色彩多變的「台灣欒樹」（2018.10.01）

四年前隨園蔡夫婦割愛送了一株台灣欒樹，經一個多月的斷根處理，移入愉園入口左側定植，每年秋季由綠葉→開出黃花→變紅→深紅→花謝轉褐，像舞台上隨四季變裝的美艷舞者。

台灣欒樹：英名Taiwan Golden-Rain Tree，又名苦楝舅、四色樹……，是一種無患子科的落葉喬木，爲台灣特有種，耐乾旱，約9月下旬秋季開花，10月盛開，由於花色多變，爲極優良的行道及景觀樹，種植管理容易，其花可做黃色染料。

▲9月19日～開始開黃花

▲10月1日～由黃轉紅

▲特寫～美嗎？

第4節：盛開的典雅名花～「木蘭」（2016.03.22）

多年前我們夫婦到阿里山賞櫻，有一木蘭花區看到滿樹的木蘭花，非常美艷驚爲天人，暗自許諾：以後有農園一定要種木蘭花……愉園三年前種有紫紅、白色兩株木蘭，而且逐年開花愈開愈多。

木蘭又叫辛夷，原產長江流域一帶，每年五月生成花蕾，經「懷胎十月」在翌歷年二或三月才開花，爲著名的早春觀賞花木，開花時滿樹紫紅、白黃色，幽姿淑態別具風情，極適宜古典園林造景。

學名：Magnolia Liliflora Desr

別名：木蘭（花）、木筆、紫玉蘭

分類：木蘭科，木蘭屬，落葉小喬木，高約5公尺。

木蘭性喜光耐寒不耐旱，不怕鹹，怕淹水，喜肥沃砂質土壤。花期3～5月。

木蘭花其花蕾爲極佳中藥材，可調製成辛夷散有軟堅散結之功效，對魚（骨）鯁、鼻過敏及清肺通氣有療效。

▲ 白色木蘭特寫

▲ 紫紅色木蘭花

▲ 白色木蘭花

▲ 紫紅色木蘭特寫

第5節：十種「公孫樹」介紹（2015.12.28）

公孫樹不是樹名，是指生長很慢，材質很珍貴，這一代種了要過60年（一代30年）到孫子輩才能長大收成販售的樹種。

愉園種了約十種公孫樹，大都爲台灣極珍貴的原生樹種，分別爲：

一、肖楠：樹幹垂直高壯，自古以來是宮殿及房屋樑柱的重要建材，耐潮防腐。

二、牛樟：適合種植中低海拔，長大後可附生及培養牛樟芝（爲極珍貴的中藥材）。

三、烏心石：原產蘭嶼，成材後樹心堅實成黑色，是高級古典傢俱的頂級材料。

四、沉香木：爲極佳之製香材料。

五、台灣油杉：爲台灣史前樹種。

六、紅豆杉：爲台灣極珍貴的原生樹種。

七、五葉松：爲台灣中海拔原生樹種，可做建材。

八、竹柏：台灣中海拔原生種，成樹可高達20公尺以上。

九、檀香木：爲極佳之製香材料。

十、雪花檜木：爲中海拔樹種，極優之傢俱木材，有檜木香味。

愉園的公孫樹均是由小苗開始栽種，大都原生於中、低海拔之大喬木，愉園僅140公尺高天候偏熱，定植初期置遮光棚（降低溫度），注重澆水及施肥，總算存活，除油杉、雪花檜生長較慢，其他樹種已適應愉園氣候及環境生長良好，眞希望天時地利順利成長。

喜歡種樹造林的好友，可考量種植上述十種「公孫樹」，當然以選擇台灣原生種的樹種最佳，定植初期的照顧較辛苦，三、五年後長成成樹時，就可享有綠樹成林的樂趣，及擁有愛護自然生態的成就感。

▲ 開花中的烏心石

▲ 紅豆杉

▲ 肖楠

▲ 五葉松

▲ 竹柏

▲ 檀香木

▲ 雪花檜

▲ 牛樟

第6節：「半天筍」～來自天上的稀有美食（2018.01.12）

鄰園近期申請補助將4分地的檳榔樹（棕櫚科常綠喬木）砍除。檳榔頂部經處理後，就成了珍貴美味的半天筍了～因長在檳榔20公尺高的頂部而得名。其處理程序如后：

一、將頂部葉夾下及木（桿）質部上各10公分先用鋸子鋸斷。

二、將葉面一層一層剖開，可先收取側芽。

三、繼續剖開至檳榔心爲止。

四、側芽及嫩心部前後較老部位切除，留下最嫩部分就是半天筍了。

五、昨天海官68年班學弟一行八員至愉園參訪。女主人將半天筍煮排骨湯及炒薑絲，極爲鮮嫩美味，絕大部分的人都是第一次品嘗讚不絕口。

半天筍與竹筍的差別：

一、一株竹子可連續長很多支竹筍，而一株檳榔只能有一支珍貴的半天筍。

二、半天筍比竹筍更加鮮嫩美味，而且有行無市想買也買不到。

▲ 檳榔園砍伐前

▲ 砍伐後

▲ 採半天筍的最佳部位 ▲ 檳榔心及側芽

▲ 半天筍炒肉絲

第肆篇
蔬菜、根（塊）莖及瓜類

第一章
葉菜類

第1節：豐收的各種有機「蔬菜」（2015.12.25）

南部受天候較熱蟲害較多影響，一般都是中秋節開始，利用秋冬季種蔬菜，夏季則休耕。愉園規劃露天及網室兩座菜圃各30坪，以自己吃、送鄰居好友爲樂。

露天菜圃

以種植較不易遭蟲害的品種爲主：如辣椒、蔥、大蒜、韭菜、紫蘇、九層塔、地瓜葉、白鳳菜及白鶴靈芝（中藥材）。特別介紹愉園的蔥及韭菜，採收時留下根部，可不斷重複生長採收，眞的很受用。

網室菜圃

一般可免除80%的蟲害（另20%是由土壤鑽入及由人爲造成），以種較易遭蟲害的蔬菜爲主，如十字花科的高麗菜、花瓶菜、小白菜及其他如番茄、茄子、四季豆、蘿蔔、香菜、小茴香及牛皮菜等。

愉園菜園全歸女園主主導，要如何種？種什麼菜？全由女園主定奪，至於菜園的翻土、下基肥及做畦等苦力農務，全由男園主支援。看到女主人高興的在菜圃裡種菜及摘菜的身影，有點像古典名畫～拾穗。在餐桌上吃自己種的有機蔬菜，除了健康安全，更有一種幸福的感動。

▲蔥

▲大蒜

▲韭菜

▲地瓜葉

▲ 白鳳菜

▲ 四季豆

▲ 白鶴靈芝（看到像鶴一樣的白花了嗎？）

▲ 牛皮菜

▲ 高麗菜

▲ 香菜

▲ 小白菜

▲ 小茴香

▲ 茄子

▲ 蘿蔔

第 2 節：自產「鮑魚菇」（2020.09.17）

在菇園老闆指導下，將運來當有機肥的廢棄太空菇包，篩選菌包材質較完整的菇包，堆積於蔭涼處，每日澆水控制濕度，竟也能再長出鮑魚菇。

第一次自種鮑魚菇，竟然有收成～有趣、新奇、好玩，且很有成就感。

▲ 採收的鮑魚菇

▲ 鮑魚菇培養中

第 3 節：秋收的「蝴蝶豆」（2015.10.29）

鄧園今年四月送了豆苗給愉園，種成五株爬滿15公尺寬的圍籬，十月中開花，十月底開始採收。

由於此豆開花時很像飛舞的蝴蝶而得名。另其豆果呈四角型，也叫角豆，其果稜莢突出很像翅膀又叫翼豆。蝴蝶豆營養價值極高，近期健康養生節目大力推薦。食用以汆燙、清炒、炒肉絲及煮湯均佳，口感清脆鮮嫩無比。

蝴蝶豆很容易栽種，一般每年四月定植，定期澆水、施肥，約十月開花結豆收成，二年生。有興趣的朋友可試試喔！

▲ 開花很像蝴蝶而得名

▲ 五株蝴蝶豆爬滿15公尺長的圍籬

▲ 收成的蝴蝶豆

▲ 清炒蝴蝶豆

第4節：秋收甜美無比的「玉米」（2015.11.26）

九月份栽種的水果及糯米玉米，經過近三個月辛勤的管理，今天開始採收了。

採收後部分白煮當點心食用，有機栽種的玉米吃起來就是安全且香甜可口、美味無比，童年與玩伴搶食玉米的美好回憶又再回來了。

女園主將部分玉米熬煮排骨，再加入牛蒡、芹菜及香菜，在寒流來襲的夜晚吃喝起來暖暖的、甜甜的，有種身強體壯、養顏美容的感覺。

▲ 採收的玉米

▲ 成熟待採的玉米

▲ 玉米田

▲ 玉米燉排骨加牛蒡及芹菜

第二章
根（塊）莖類

第1節：「薑黃」的種植及食用介紹（2017.02.01）

女園主去年4月種了薑黃，9月開花，今年1月採收，沒想到僅種5株，竟有20斤重的收成，經去土、清洗、篩選及曬乾後，可磨成粉當保健食品食用，也可切片（絲）當調料入菜。

薑黃又名黃薑，爲薑科薑黃屬植物，亞洲國家稱Turmeric或Kunyit，其根莖所磨成的深黃色粉末爲印度咖哩的主要香料之一，是咖哩呈黃色的主要原因，也常用在南洋料理中。

薑黃主要產在南亞、印尼一帶，其所含的「薑黃素」民間號稱具有：抗氧化防癌、改善消化系統、骨質疏鬆、抗發炎及關節炎、預防心血管及腦部疾病等功效。

薑黃很好種，有農地（或陽台）半日照以上就可種，薑黃的種植法如下：

一、翻土約40公分曝曬3～5天。

二、下基肥後，將土與基肥混合。

三、將薑黃塊莖切成約大拇指大小種入土中深約2～3公分。

四、株距約50公分。

五、澆水適中，追肥每株半小碗，每月乙次。

六、種植約8個月會開白色花。

七、種植約11個月，葉會變黃枯謝，即可採收。

八、採收時離根部25公分深挖，以防薑黃斷裂。

▲ 11～12月葉子開始枯黃就可採收了

▲ 9月開花的美姿

▲ 薑黃日曬中

▲ 收成的薑黃～4斤重

▲ 日曬後貯藏備用

第2節：具保健養生功效的「山藥」（2015.12.31）

愉園今年4月種植了山藥，10月就收成了。

山藥是薯蕷的塊莖，又叫山薯、淮山，分布熱帶及世界各地。

山藥性平味甘，自古代被視爲補虛聖品，由於熱量低營養豐富，也具護胃、抗老化功效。

愉園是初春時，用市購的山藥切塊成30～50公克，用草木灰（也可用石灰）塗抹切口，置陰涼處，發芽後即可定植，株、行距每1公尺種1株，要搭架（桿）讓山藥攀爬，並定期施肥及澆水。山藥不易有病蟲害，屬粗放管理，約7～8個月後即可收成。

採收時一般都用鏟子、鋤頭挖掘，並慎防塊莖受損。

塊根的皮清除後，其塊肉切塊煮四神湯或排骨食用。

山藥營養價值極高，種植難度卻不高，特別是有機栽種口感更優。

▲成長中的山藥

▲採收後之山藥

第3節：香甜又Q的「黃金樹薯」（2017.02.11）

愉園連續兩年種植及收成了黃金樹薯，過年時家族成員食用後讚不絕口，並紛紛表示希望每年都能再品嘗它的美味。

樹薯又稱木薯，原產熱帶，爲世界重要的雜糧之一，屬大戟科，一年或多年生，愉園是初春時，用前一年採收後的枝條（裁成30公分）扦插定植，株、行距每1公尺種1株，定期施肥及澆水，不易有病蟲害，屬粗放管理，一年後即可收成。

採收時一般都用鏟子、鋤頭挖掘，但塊根容易受損，據報南投有農民用手搖小型起重器拔出樹薯，愉園明年準備比照試用。

塊根的皮清除後，其塊肉切塊煮甜湯或排骨，口感很Q且香甜好吃，因煮熟後呈金黃色而稱黃金樹薯。

依愉園經驗：黃金樹薯切成塊狀可置冰箱冷凍分批取出食用，保鮮期長達一年。

▲煮成甜湯的黃金樹薯

▲ 修剪枝條～準備扦插

▲ 採收中

▲ 收成的樹薯

▲ 成長中的樹薯

第三章
瓜類

第1節：採收有機美味的「冬瓜及整枝理蔓」（2017.08.08）

上次颱風前採收了一粒冬瓜，還沒吃完，今天又採收了兩粒更大的冬瓜，平均1粒重達14.5台斤，男女園主非常高興。

由於園區採有機農作，環境健康土壤肥沃，這些冬瓜不是特別買苗種的，而是廚餘堆肥時自然發芽成長的，沒有刻意管理，沒想到竟長得既碩大又健康而且沒有蟲害。

採收後女園主立即做了冬瓜紅燒肉及冬瓜排骨湯～吃得美味又安心。讓我們對有機農作更堅定了信心。

種植瓜類除正常的施肥（基肥、追肥及禮肥）外，要使果實碩大整枝理蔓非常重要，大型瓜類（如冬瓜、南瓜、大西瓜……等）要使用子蔓結果法：

一、第12至15片葉子之子蔓各留一朵花即可，其餘摘除。

二、待4粒果子長出後，再摘留一粒最好的果子。以25片葉子供一果子養分即可。

三、其餘子蔓（側芽）全摘除，則此粒果最大最甜。

四、瓜類開花時減少水分供給，採收前一週宜停水或少量澆水，瓜果較甜。

種小瓜類（如絲瓜、洋香瓜……等）整枝理蔓使用孫蔓結果法：

一、定植成長後先留4片葉子，頂芽摘除。

二、頂芽優勢長出新芽後，在7、8、9葉可留2～3粒果實。

三、著果時施肥要增加，採收前一週澆水減少。

其他苦瓜、佛手瓜、瓠瓜……等瓜類不必整枝理蔓。

▲ 套袋只能套3分之1　▲ 女園主辛勞的成果

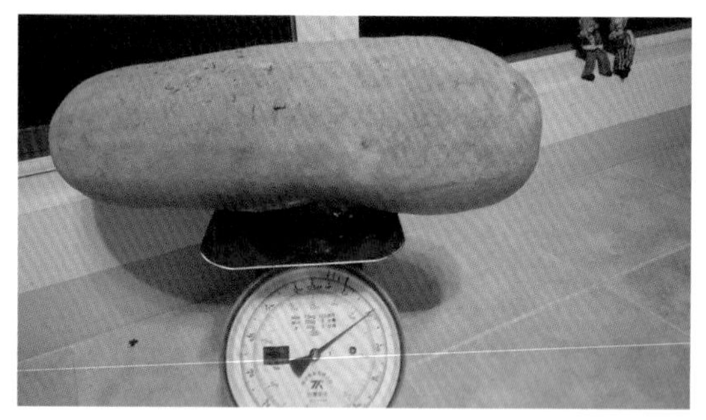
▲ 一粒重14.5台斤

▲ 冬瓜紅燒肉～美味

▲ 冬瓜排骨湯～健康

第2節：豐產的「瓠瓜及瓜類的種植重點」（2021.01.26）

幾個月前在網室種了一株瓠瓜（台語：蒲瓜），沒想到結果豐碩，今天竟採收了16條，女園主煮了一條來當午餐，眞是鮮嫩可口，整個瓜期陸續收成近百條的瓠瓜。

有些農友喜歡種各種瓜類，如黃瓜、絲瓜、冬瓜、南瓜、苦瓜、瓠瓜……等，主要誘因是：生長期不長，3～4個月就有收成，且克服病蟲害後結實纍纍～很有成就感。

愉園彙整瓜類的種植重點如下：

一、瓜類種植最忌排水不良爛根，應起壟做畦或離地種植較佳。

二、瓜類種植前使用基肥整地，定植初期使用氮肥爲主～促進生長，整枝理蔓後施用磷肥爲主～促進開花，著果後使用鉀肥爲主～促進果實成長。

三、瓜類尤要注意白粉病、萎凋病、眞菌感染、炭疽病及瓜果蠅、蛾類、銀葉粉蝨侵害，可用網室、套袋、蘇力菌、窄域油、忌避作物、甲基丁香油……等有機方法防治。

▲ 瓠瓜成長中

▲ 採收後的瓠瓜

▲ 烘乾中的瓠瓜

▲ 烘乾完成

▲ 裝袋備用

第伍篇
水、畜產養殖

第一章
淡水魚

第1節：「清池、整理及養水」作業介紹（2019.12.18）

愉園的魚池（約30坪）設置6年多來～目的是魚菜共生、抽水灌溉及種荷養蓮，上週清池整理，主要原因是：睡蓮盆原基座的空心磚（沒有鋼筋，只是泥砂及水泥混水做成）泡水多年已損壞，而改用有含鋼筋及加重水泥成分的涵管。涵管很重，借用同學們聚會時機才能合力放置定位。～這也是一種值得參用的農園經驗。其作業如下：

一、利用冬季荷、蓮枯謝期，算好時間抽（排）水灌溉以降低水位（滿水位140公分）至20公分左右。

二、約同學、好友下池摸魚樂，並將抓的活魚分享好友。

三、將較重的涵管等組件請好友合力就定位。

四、將底土清除曬乾後，可混合培養土種植樹苗。

五、整理空氣管、補強台階及油漆潛水馬達等裝備。

六、撒白石灰及日曬一週，以消毒滅菌。

七、放水至滿水位，並開啟空氣機及馬達曝氣養水。

八、約再一週左右經光合作用產生藻類，就可重新放魚苗了。

▲ 換花盆底座～左：新涵管，右：舊空心磚

▲ 摸魚樂

▲ 剷底土

▲撒白石灰

▲開始放水

▲馬達曝氣

▲放滿水位

第2節：清池養水後的「放苗」作業（2020.01.04）

愉園三週前清完池曝曬消毒後，二週前完成養水，上週放大型珍珠石斑魚苗100尾，及尼羅河紅魚苗200尾，今天中午由好友舜榮農園莊園主夫婦魚池，接回寄養的尼羅河紅魚25尾（種魚），下午已開始正常索食了，一切順利。此次放苗作業重點如下：

一、放苗前要養水（長藻）至少一週以上，以建立健康生態環境。

二、新魚苗放魚前要先置池邊，讓魚袋內、外的水溫（緩慢增降溫度）一致後，再解開袋子放魚，主要是防止因溫度差造成魚隻病變及緊迫。

三、尼羅河紅魚：原大尾種魚25尾與新買的吋苗200尾混養，主要是防止近親繁殖而產生畸型後代。

▲尼羅河紅魚苗

四、上次吃了自養的珍珠石斑魚（淡水魚），發覺肉質鮮嫩口感極佳，所以這次加養吋苗100尾，也可增加魚池的生物多樣性。

▲尼羅河紅魚苗特寫

五、放養的兩種都屬素食性爲主的魚類，故較無大魚吃小魚的問題。

▲大型珍珠石斑魚苗

第3節：生生不息的「尼羅河紅魚」（2019.04.11）

愉園五年前蓋好農舍、灌溉池（兼魚菜共生及荷花池）後，由鄧園引進尼羅河紅魚苗30尾，至今已繁衍了5～6代，而且沒有近親畸型的問題，尼羅河紅魚是雜交突變種，魚體爲紅色，不但像錦鯉一樣可供觀賞，還能像吳郭魚一樣讓人食用。是很好的觀、食兩用的淡水魚種。

每年的春天3～4月是其繁殖季節，今年又生了3～5000尾的小魚苗，非常壯觀，已遠遠超過愉園水池（約30坪～只能養約1000尾）的容量了。有這種狀況時，可考量贈送有需要的好友，其注意事項如下：

一、撈起後3小時內要送到預訂放養地（池）。

二、尼羅河紅魚成魚可達一台斤以上，養小型水族箱不宜，要大型水族箱或魚池。

三、贈送魚苗以少量、業餘養殖爲主，職業性大量養殖，應請其向專業苗場購買魚苗，以穩定養殖市場經濟活絡。

▲ 兩尾共重2斤9兩～每尾平均1斤4兩多

第4節：爲使「魚池生態多樣化」～放養稀有魚種介紹（2016.04.04）

愉園建有30坪、深度1.5米、容量150公噸的水池，主要是蓄水灌溉用，其次是養殖淡水魚。其主要魚種分：食用魚～尼羅河紅魚（大宗）、澳洲淡水鱸魚。觀賞魚～錦鯉、玉如意。共約1000尾。

爲使水池生態多樣化，曾引入少量大帆三間（大陸國寶魚）及珍珠石斑等。近期購入放養觀賞魚～白金蝴蝶鯉、黃金龍鯉及食用魚～鱘龍魚、鱸鰻及筍殼魚，特別介紹如下：

一、鱘龍魚：大型珍貴淡水魚，中北部已有業者及好友，引用高山溪水養育成功，並開起「鱘龍魚多吃」的風味餐廳。這次愉園引進是試養性質，希望能成功。

二、鱸鰻：原爲保育類，近年保育有成而解禁，同白鰻一樣，成魚要順溪出海：在海裡產卵＞受精＞孵化成鰻苗後，再回溪口溯游回高山湖泊或溪流成長。屬肉食性，人工養殖約10月至1年就有「三杯鱸鰻」可吃了。

三、筍殼魚：學名雲斑尖塘鱧，長相奇醜無比，因體型酷似竹筍而得名。屬肉食性，成長慢（約2-3年），但肉質鮮美價格高，號稱

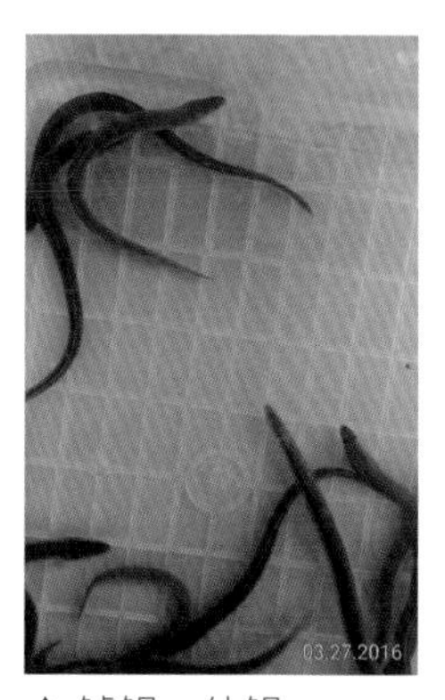

▲ 鱸鰻～幼鰻

「味道鮮石斑，肉質賽黃魚」。原產東南亞，64年引進，漁民養殖成功後，「清蒸筍殼魚」一直是山海產店的一道名菜。

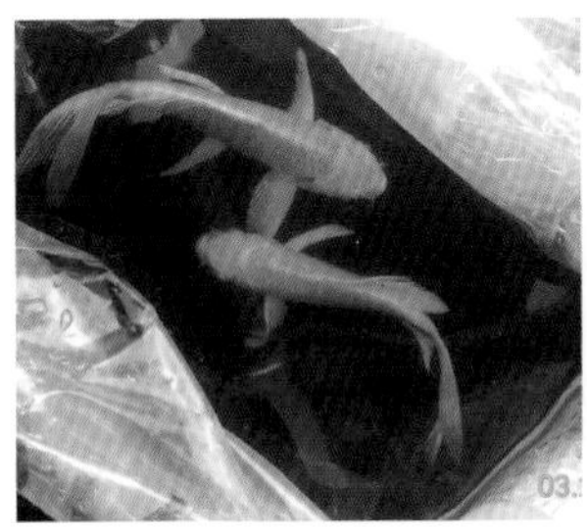

▲ 白金蝴蝶鯉～尾鰭非常漂亮

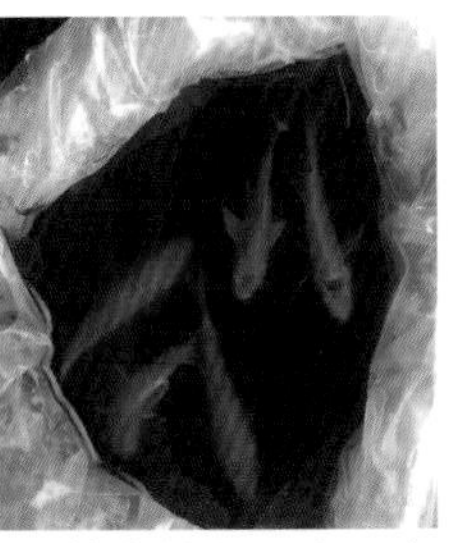

▲ 黃金龍鯉～白、金黃及橘紅色

▲ 鱘龍魚苗特寫

▲ 筍殼魚苗特寫

▲ 筍殼魚養一年半後2斤重

第5節：簡易「活魚（尼羅河紅魚）運輸法」（2017.02.21）

喜愛釣魚的好友鄭先生去年參訪愉園並釣魚非常盡興。竟比照愉園在自家農地蓋一水池，年後情商愉園出讓200台斤尼羅河紅魚，準備供其好友垂釣。

一般活魚要用正規運輸車轉運，除大型水箱外，還要有供氧系統，以確保長時長途運輸的存活率，然租一趟車要價5、6千元，爲節省支出，愉園創立非典型活魚運輸法如下：

一、用塑膠管加黑格網自製俗稱「黑斗」的大型魚簍並置水中。

二、恭請全國最資深漁夫～92歲劉爸爸用無倒鈎魚鈎釣魚（較不易傷亡），釣起後放入「黑斗」暫養。

三、累積到一個量後準備轉運，用二層厚大型塑膠袋（載重及防水要佳）內加25公升池水，外用一籮筐（固定及搬運）及垃圾袋（防漏水）。

四、將魚由「黑斗」撈起稱重數尾後平均放入水袋，每袋約10至12尾，每尾約有2公升的水供氧。

五、用人工吹氣（代替氧氣瓶）灌入袋中，並用橡皮筋封口，使其不漏氣不漏水。

六、將4或5個水袋裝入轎車，利用返高順送新池，車程約52分鐘。

七、到達新池先將水袋置於池中，待內外溫度平均一樣（魚較不易生病）後，再解袋放魚入新池。

經上述方法，愉園分五批共轉運尼羅河紅魚207台斤，共243尾，僅7尾因緊迫死亡，成功率百分之97，可謂非常成功的非正規活魚運輸。僅供各位好友參用。

▲將魚由「黑斗」撈起裝入水袋中

▲一般活魚運輸車

▲自製大型魚簍～「黑斗」

▲水袋組成

▲吹氣增加含氧量

第二章
雞同鴨講

第1節：準備迎接雞同鴨講及聞雞起舞的日子（2016.10.06）

▲ 第一批小雞野放

▲ 正在搭建的雞舍

▲ 在育幼室的烏骨小雞

近二十年前還在軍職時就已爲退休後的農牧做準備，曾利用休假日到屏東一家蛋雞場（養了一萬隻）以志工身分學習養雞，看到一格格成好幾十排的小籠子（每個約60x50公分）養5、6隻蛋雞，由於密度太高每天都有10幾20隻死雞被拋出，嚴重時場主在飲水中自行投藥，再嚴重時電請飼料廠在飼料中添加藥物，更嚴重時請打針部隊用強效藥每隻注射，也不管藥效期每天雞蛋照常出貨。當時的我非常驚訝：天啊！這就是我們平常吃的雞蛋嗎？暗自發誓：以後有農地一定自己養雞。希望現在的農牧政策及雞農已有所調整，讓消費者吃到健康安全的肉雞（鴨）及雞（鴨）蛋。

愉園第一批小雞10隻，梅姬颱風前一天報到，第二批雞鴨各16隻昨天報到，全部納編愉園國寶～92歲人稱老帥哥～劉爸爸麾下照顧，目前正常，第一批雞已可白天野放吃草及害蟲，每天快樂無比，期待雞同鴨講、聞雞起舞及每天吃有機荷包蛋的日子。

第2節：飼養「日本矮雞」的趣事（2016.11.16）

10月29日水底寮的好友陳巷長送了三隻日本矮雞（一公兩母，再加一窩正在孵的蛋），經過兩天的適應已與其他雞、鴨完全溶入愉園快樂的生活。

過了幾十年又再次體驗童年鄉下～清晨五點被公雞喔喔喔……叫醒的憶趣，愉園鄰地的狗也興奮地汪汪叫，好一幅「雞鳴狗叫」的鄉居生活。

入秋後，不再炙熱，天候穩定，愉園準備翻土、施肥、整地種菜了。女園主在翻土時，看見公雞咯咯叫著將找到的蚯蚓交給母雞享用，並在旁戒護，好一個Lady First，女園主大爲感動……再由感動變激動……，劈頭就對男園主說：「您看公雞都會把好吃的留給母雞吃，您們男人……，看看雞，想想自己……。」如雷轟頂無言以對，天呀！幾十年男性的形象與尊嚴竟被一隻小公雞給打敗了。

其實，女園主不知道的事：日本小公雞還有小三～正在密室孵蛋，這小子利用機會討好原配，等小三做完月子出關後，就可左右逢源大享齊人之福了。

▲ 日本矮雞～公雞與原配

▲ 在網室找蚯蚓及昆蟲

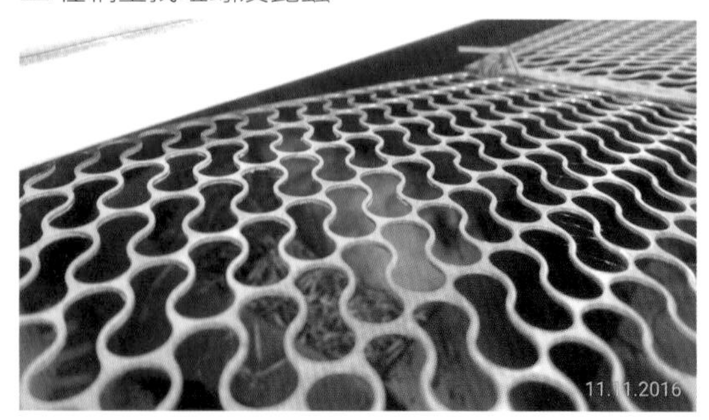

▲ 小三～密室孵蛋中

第3節：「雞鴨的誘蛋作業及自然孵蛋過程」（2016.12.22）

愉園以跑山雞的方式養殖，爲防雞鴨在偌大園區亂下蛋增加撿蛋困擾，特實施誘蛋作業如下：

一、利用散步時撿拾鄰地高爾夫球場越界的高爾夫球。

二、將高爾夫球1～2粒置入雞舍內的生蛋桶（巢），誘使雞鴨在固定地點下蛋。

三、這種誘蛋作業實施以來，經統計成功率九成以上。

女園主認爲園區日本雞只1公2母1小族群單薄，再加上好友希望能交換日本雞，因此決定擴充群組。這次輪由正室～金黑色母雞孵蛋。經謝老師（官校學長有豐富的養雞經歷）指導，農場自然孵化小雞程序如下：

一、一般母雞的產蛋週期約兩週，開始下蛋時，留粒蛋（或高爾夫球）在巢，其他的每日逐粒撿拾，主要是誘母雞在同一地點下蛋。

二、收拾的蛋置室溫即可，可防止一大堆蛋受母雞下蛋時有孵溫，離開時又沒孵溫，忽冷忽熱會產生正式孵蛋時不易孵出的現象。

三、當母雞下完本期最後一顆蛋時，會煩躁不安並開始正式孵蛋，此時利用母雞離巢（飲水、吃料、方便時）空檔，將先前收集的蛋一起放入巢中（最好不要超過10顆）。

四、母雞正式孵蛋期間不要搬動減少驚擾，讓其在隱密安靜的環境孵蛋，約22至23天後就可孵出小雞。

▲ 金黑色母雞下的蛋～每日保留一顆誘其下蛋

▲ 每日收集蛋置於室溫下

▲ 將收集的蛋放入

▲ 母雞正式孵蛋

▲ 將高爾夫球置入生蛋桶

▲ 蛋雞下蛋中

▲ 誘雞下蛋成功

▲ 誘鴨下蛋成功

第4節：剛出生的「日本小矮雞」～萌翻了（2016.11.22）

日本矮雞源自東瀛的品種，重量比鴿子略大很少超過1公斤，由於飲食習慣不同，日、韓兩國偏好整隻配上中（漢）藥材燉補～個人獨享，而國人大都只吃蛋（日本母矮雞很會下蛋，2粒等於1粒蛋雞的蛋重）及當寵物，有些休閒農場也飼養供親子餵食及玩賞。

日本公雞的小三～白色小母雞經過23天的辛苦孵卵，總算孵出了一隻小雞，其餘蛋失敗的原因，研判爲孵化巢搬動（由水底寮搬到高樹）及孵化巢太大無法全面孵蛋所致。

出生第三天母雞就帶著小雞出巢覓食了，母雞翻動草土，小雞跟在後面撿食，又小又可愛～眞是萌翻了。觀察幾天發覺母雞帶小雞不同叫聲有不同意義：

1. 輕柔咯咯兩聲～是母雞找到食物後，輕喚小雞來食。
2. 兇悍的咯咯聲～是母雞罵人：靠小雞太近了啦。
3. 急促咯咯聲～是母雞找窩下蛋時的叫聲。

另發覺雞媽媽孵的小雞要比電孵場的健康，而且不用人費心照顧，母雞會帶著小雞四處啄食，這才是尊重動物的飼養繁殖方式，唯飼養環境不若自然曠野，要注意防止近親繁殖～一代不如一代的問題。

▲ 日本小母雞與獨子～小Baby

▲ 我躲在媽媽的左翅膀下～有看到嗎？

第5節：「人道養雞（鴨）」的放風管理及娛樂效用（2016.12.25）

前陣子國寶～劉爸爸負責餵養雞鴨時，老人家心軟疼愛小動物跟7-11一樣24小時無限供料吃到撐了，這月初劉爸爸回台中做臘肉準備過年。園主接替後擔心肥油太多，經謝老師指導：每日清晨放風覓食整個園區的害蟲、蝸牛及草（籽），順道爲果樹施肥，黃昏只餵料一餐並吹哨誘其入雞舍，餐後即夜宿休息。雞鴨變成了有機員工，減少人力及肥料成本，且運動量大健康壯壯育成率高，肉質一定就像放山雞一樣好吃。

上週親戚來訪，孫字輩的小朋友來到開心農場釣魚、餵雞鴨、抱著小雞照像快樂的不得了，吵著爸媽要帶愉園小雞回美國養，頓時發覺：愉園除了有機農業的介紹推廣，可愛的雞鴨也有娛悅佳賓平靜心情的效用。

▲ 媽咪～我釣到的喔！棒不棒？

▲ 烏骨雞～乖

▲ 媽咪～我要帶回美國

第6節：飼養第一批雞鴨的「經驗與心得」（2016.11.30）

第一批黑羽土雞10隻7月2日報到（0626日出生），第一批菜鴨共12隻0825日報到（0818日出生）。經過四個多月的飼養，獲得的經驗及心得如下：

一、飼養禽類一般分三階段：

1.小雞（鴨）～出生到滿4週。

2.中雞（鴨）～第5週到滿10週。

3.成雞（鴨）～第11週到滿20週以上（出售）。

每階段使用不同的飼料～包括：粉至顆粒及不同營養成分，雞鴨愈小需要飼料的營養成分愈高，反之愈大愈低。

二、小雞（鴨）階段死亡率最高，最好選優質公母雞交配產卵，再由母雞（鴨）孵化及帶大（少量養自吃可以，如大量養殖較無商業價值），而一般買的多屬電孵小雞鴨（現雞鴨農的做法），要先用籠子建立育幼室籠養，全天應加燈泡保暖，並供給充分飼料及水，小雞於夜間照明時仍會繼續索食。

三、鴨屬水禽類除喝水外，還會玩水，比雞還重水，供水千萬不能中斷，否則會出鴨命。

四、滿4週後可移入雞圈養場（30隻約4～5坪大即可），並注意是否有持續的大欺小現象，如有應分隔生活空間。

五、滿10週後打開雞圈自由活動，等習慣環境後，白天可擴大活動空間至整個園區，如此就像放山雞一樣，可除蟲害節省飼料，運動量大健康且肉質極佳。天黑前餵一餐誘其入雞舍。

六、下大雨時，鴨不怕水，雞應趕入雞舍以防淋溼染病。

七、雞舍可舖上稻殼或木屑，不但可減少汙染，且可製造有機（雞）肥，一舉兩得。

八、雞有夜間高棲現象，應建立高棲架，以利雞隻充分休息。

九、爲便於撿蛋及孵蛋，應於雞舍建立孵蛋區，以便管理。雞一般於淸晨開始下蛋，於中午前下完蛋。

十、蛋鴨於夜間下蛋淸晨前下完蛋，雨季時會停止下蛋約2～4週。

四個月來，觀察雞鴨由小長大的過程眞是樂趣無窮，且很有成就感同時也體驗了雞鴨農的辛苦。

▲ 黑羽土雞12週齡

▲ 菜鴨兩週齡

▲ 菜鴨7週齡

▲ 高棲架

▲ 孵蛋區

第7節：聒噪不停肉質鮮美的「珠雞」（2017.02.15）

愉園去年10月底養了4隻珠雞，剛開始與同大小的30隻小黃土雞混養，但形態習性不同常遭小黃土雞欺侮，不得不隔離圈養，6週大中雞時始與其他雞鴨混養，竟與大黑土雞感情深厚同進同出，夜間也一同高棲果樹上。大黑土雞過年時（滿5個月成熟）「壯烈捐軀」後，4隻珠雞也進入成雞階段組成4G合唱團滿園飛奔更加喧鬧，爲防飛離愉園經過兩次修剪翅膀，剪時剪一邊讓其不平衡而飛不起來就可。

珠雞（Guinea faul）：又稱珍珠雞，是雞形目珠雞科的鳥類，分4屬6種，是一種身體肥胖，頭小的中型陸生鳥類，高40-72公分，頭部和頸部皮膚裸露，有冠或骨質盔。飼養難度不高，用一般雞飼料餵養即可，珠雞喜群聚喧鬧，聲音吵得讓人受不了，養殖前要考量擾鄰遭控訴的可能（愉園空曠，鄰居房舍較遠，且只養4隻目前還可忍受）。唯肉質極爲鮮美，特別是秋冬季節最爲肥嫩，做爲嘗鮮及補品食療最佳。

▲ 即將成熟（滿5個月）的珠雞

第8節：鮮艷及野性的「綠頭鴨」（2017.03.05）

愉園近5個月來陸續養了三批共35隻綠頭鴨，除第一批較無經驗（因缺水）掛了5隻外，其餘都已養成成鴨（成功率百分之86）。綠頭鴨屬水禽類比雞重水，6週後要有水池供其玩水，飼料採粗放～用一般雞用飼料即可。

綠頭鴨由野鴨馴養而成還帶有野性，喜歡群聚活動，中、大鴨階段會群飛覓食，一般鴨農是在其1、2週大時用利剪剪掉一邊翅膀尖端軟肉骨（連毛）部分（約剪掉4分之1），感覺有點殘忍，愉園是在其試飛階段剪一邊翅膀的羽毛（不傷及肉骨），使其不平衡而無法飛離。

自從綠頭鴨進駐後，仿照稻間鴨實施除害作業，看到鴨子如魚得水呼朋引伴，啄食蝸牛、害蟲、蚯蚓、有機質及嫩草好不快樂，同時排放大小便增加肥力，眞是一舉數得。綠頭鴨已成爲園區維持有機生態的重要員工之一。

綠頭鴨（Mallard）：分佈歐亞、北美及非洲北部，體長50-65公分，重750-1575公克，雌鴨全身褐色，雄鴨頸部有白領圈頭部呈閃亮的墨綠色，非常鮮艷美麗。依愉園養殖的經驗：雞、鴨、魚公的都比母的漂亮，但人類的社會剛好相反，女生大都打扮的比男生漂亮。前者是因爲公漂亮好追母～求偶，人類是女生漂亮好被男生追。爲什麼差這麼多？只能說自然界眞的好奇妙。

▲ 鮮豔色的綠頭成鴨～4公1母

▲ 小鴨階段

▲ 從小喜愛玩水

▲ 中鴨階段

第9節：「人道及放牧」式的雞鴨養殖法（2017.08.22）

雞農爲了增加獲利，用籠子（蛋雞）或雞舍（肉雞）採高密度養殖，長期遭動保團體抗議。按歐盟的標準「每一平方公尺養殖不超過1隻。」～稱爲人道養殖法。愉園依據此標準建一35坪（約110平方公尺）的活動場（內含一5坪雞舍），同一時間養雞鴨不超過80隻，完全符合人道養殖標準。

近年更參考放山雞作法，黃昏時將雞鴨誘入35坪活動場，防野狗貓夜間攻擊，一早將活動場門打開，讓雞鴨全白天在1200坪（約3800平方公尺）的園區活動覓食，這種放牧式的養殖有下列許多益處：

一、雞鴨活動範圍及運動量增大，毛色發亮更加健康，禽體增重肉質口感有彈性及咬勁。

二、覓食侵害果樹的蝸牛、天牛、昆蟲等蟲害，雞鴨已成爲園區的得力有機員工之一。

三、隨機排遺～成爲全自動有機施肥機（雞），另雞舍內舖稻殼，每月將混入排遺的稻殼清理～成爲極佳的有機（雞）肥。

四、活動空間變大，不同雞種、體型之間的啄咬及感染生病的情況減少許多，愉園不使用任何藥物，雞鴨的育成率卻極高。

五、這種雞鴨與果樹共存互利的作法，在「魚菜共生」後，又有了「雞樹共生」的新模式，值得大力推廣。

▲ 活動場35坪

▲ 雞舍5坪

▲ 雞樹共生

第10節：「鵪鶉鳥」飼養記趣（2017.11.18）

鵪鶉鳥很好飼養，供給蛋雞飼料及充分飲水，沒幾週就開始下蛋了，4隻鳥平均每天下2～4個蛋，夏季天熱產蛋量會減少。鵪鶉蛋是中式名菜佛跳牆的必備食材，沒有鵪鶉蛋佛就跳不過牆了。

鵪鶉鳥雖不善飛行，但因好動會逃亡必須要用籠子圈養，養鵪鶉如非商業養殖，佔空間應不大、具有不太喧叫及易下蛋的特點，飼主會很有成就感，可供家中兒、孫上生物課時～飼養觀察動物的極佳選項。

近期兩次疏失～投完料忘了關門，先後逃亡自由了3隻，剩下的1隻每天呼叫同伴～有點寂寞，已向小雞店再預訂4隻了。

山海產店裡有一道名菜叫「鹽烤斑甲」，其實不是眞正的斑甲（鳩），而是用體型近似的鵪鶉代用的，因爲斑鳩現受《野生動保法》保護不可獵捕了。另在楓港有名的烤鳥攤，多年前原用伯勞鳥也大都由鵪鶉代班了。

▲ 鵪鶉蛋

▲ 很會下蛋的鵪鶉鳥

第11節：清宮御膳房的「北京油雞」（2017.09.04）

五個多月前藍田教會任執事送愉園6隻1週大的北京油雞，現已長成成雞且留了一頭龐克頭，非常雄赳美麗。

北京油雞屬中型雞，是優良的肉、蛋兼用型雞種，以鳳頭、毛腿和胡子嘴爲特徵，有肉質細緻、味道鮮美、蛋質極佳、生活力強和遺傳性穩定的特性。

北京油雞原產北京近郊，又叫中華宮廷黃雞，曾爲清朝宮廷御膳用雞，至今已有300餘年歷史。各位好友：看過清宮劇，想過皇帝、格格吃大餐的癮嗎？從餵養北京油雞開始吧！

北京油雞養殖難度不高，同一般土雞飼養管理卽可，育成率90%以上，唯此雞種稀有小雞獲得成本較高。

▲ 北京油雞～母

▲ 北京油雞～公

第12節：名貴食療珍禽「烏骨雞」（2017.02.26）

愉園去年9月下旬養了14隻烏骨雞，由於小雞的絨毛稀短不能禦寒，再加經驗不足，近5個月的努力只養成了成雞7隻，成功率50%。經詢問同行稱：「烏骨雞沒有厚羽毛（只有絨毛）易遇雨、寒生病非常難養，專業養殖場全期都是在空調雞舍飼養，像愉園這種放牧式養殖，有這種成績算不錯了。」

烏骨雞（Black bone. Silky fowl）雉雞科原雞屬，原產大陸江西，有白毛烏骨、黑毛烏骨、斑毛烏骨、骨肉全烏、肉白骨烏之分，為我國二千多年來的藥用珍禽。其營養成分包括：血清總蛋白、丙種球蛋白、8種人體必需氨基酸、各種維生素、常量及微量元素，均高於普通肉雞，吃起來口感非常細緻。藥用及食療更強於普通肉雞，故烏骨雞自古有：「名貴食療珍禽」之稱。

養殖烏骨雞應於室內圈養加大活動空間，並注意防雨避潮，長期使用燈泡保暖，並重視飲水的清潔及飼料的營養，也可加點養生中藥材如薑黃、枸杞、蕁麻、金銀花……等，以增強雞隻的抗病能力。

▲ 女園主說：「好重！大雞像隻小恐龍。」其實雞本來就是恐龍的後代。

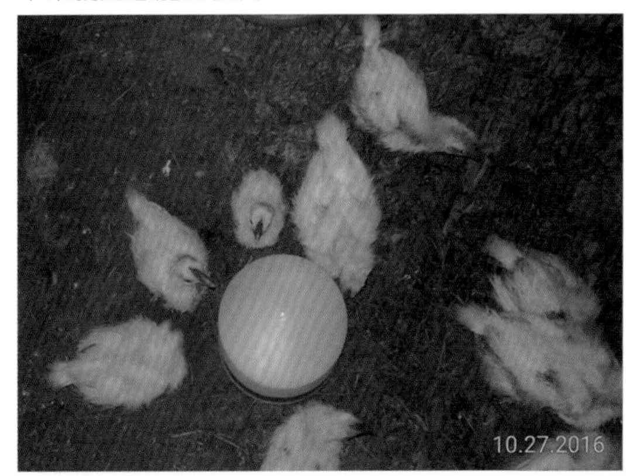

▲ 小雞階段

▲ 中雞階段

第13節：不含芬普尼的「有機蛋」（2018.03.20）

每個星期一返回愉園，撿蛋是必要的工作之一，愉園目前養了65隻雞鴨，其中有10隻洛島紅蛋雞、6隻蛋鴨、4隻鵪鶉，這是2天（週六、日）的產蛋量。

去年芬普尼事件搞得人心惶惶，由於國內的蛋雞場～基於降低成本考量，都使用極高密度的圈養方式，因此容易有雞蚤及蟲害，不得不使用芬普尼～一種可除蟲但會致癌的化學藥物。

愉園的雞鴨夜間是在每隻平均2平方米（註）以上的圈養區（含雞舍及防貓狗入侵）休息，白天更是在1200坪的園區自由活動及覓食，因此，不用芬普尼及其他任何藥物～可以說是：用有機方式飼養，下的是絕對健康安全的蛋。

一般市面上出售的雞蛋概分兩種：佔大宗的是來亨雞下白色的蛋，其他量少的是洛島紅下紅褐色的蛋。

不同於蛋雞場（又叫蛋工廠）高密度的圈養，愉園採放牧式低密度的養殖。五個月前養的洛島紅蛋雞及蛋鴨，現已開始量產每日可收12至16粒蛋。蛋的顏色自然鮮明，吃起來健康營養口感極佳。愉園又向有機生產自給自足的目標跨了一步。

有機小農不可能像大規模商業化養殖一樣賺大錢，但是能吃到自己養殖絕對健康安全的蛋，其中的樂趣及成就感卻是珍貴無價的。

▲ 兩天的產蛋量

▲ 洛島紅蛋雞下蛋中

第14節：如何使進入孵蛋情境的蛋雞恢復正常下蛋（2018.03.28）

愉園養了10隻洛島紅蛋雞、6隻蛋鴨，原下蛋正常，近期有1隻洛島紅蛋雞停止下蛋，並進入孵蛋狀態。主要原因是：一般蛋雞場圈養只有母雞，不會有這個問題，而愉園採放牧式的人道養殖，且肉、蛋、公、母雞一起混養，在男歡女愛的環境下，偶爾就會發生蛋雞不下蛋卻孵蛋的狀況。如何解決這個問題？

像電腦程式一樣，蛋雞應爲A程式～下蛋爲主，當系統混淆突然變成B程式～孵蛋模式，只有停機→檢修→重開機→恢復正常功能。

因此，抓起蛋雞打三下屁股訓戒一番並曉以大義，加深其印象，然後隔離於關禁閉室閉門思過，在無蛋無巢的情境下，三天後蛋雞總算清醒，放出後已恢復正常不再孵蛋了。

教我種蔬菜的陳老師說：「以前鄉下有將母雞頭沒入水中，像人用冷水洗臉一般，使其清醒，但須注意時間，不要溺死了。」另有網友建議用鄉間老方法～在蛋雞鼻孔插支羽毛，使其不適而清醒，然考量雞會痛及不人道而沒實施。

▲洛島紅蛋雞孵蛋中

第15節：小規模雞鴨養殖～「預防感冒及腸胃炎」措施（2021.02.16）

愉園五年前開始少量養殖雞鴨（同一時間總數最多80隻），生產的雞肉及蛋，以自吃爲主，少量外售，肉雞養足5個月成熟，全程不用任何藥物，育成率由初期的50%，到近期的近100%。

除傳染病外，一般雞鴨極易因受寒感冒及得腸胃炎而折損。彙整相關預防措施如下：

一、建構防雨淋的雞舍，下雨時讓屬陸禽類的雞躲雨，約有10%的雞較笨要人力趕入以防感冒，鴨是水禽類，中鴨以後不怕水，反而喜歡戲水。

二、養禽類最佳溫度是27°C，秋冬季夜間要點60瓦的傳統燈泡保暖，特別是1個月內的小雞鴨更要24小時點燈，及週圍加強防寒措施。夏季白天溫度超過30°C要用工業用電扇散熱。

三、在飲水中加些米酒，飼料中加入辣椒粉，均可禦寒。

四、飼料桶及飲水器要用吊掛式，防止雞鴨排泄物汙染飼料及飲水而生病。

五、可用動物用有益菌加入飼料及飲水，保健腸胃。

六、雞舍可舖置稻殼，並定時清洗及消毒雞舍、活動場及器具。

七、白天可打開活動場的門，讓雞鴨在整個園區（1200坪）活動，黃昏以飼料誘回雞舍。這種放牧式的養殖可增強雞鴨的免疫力，且肉質極佳。

八、預防麻雀等野鳥、老鼠及蛇入侵雞舍及活動場。

▲ 孫女小瑀來開心農場渡假及餵雞

▲ 吊掛防汙染的飼料桶

▲ 下雨時鴨喜歡戲水，雞躲入雞舍

▲ 小雞（1月齡內）點燈保暖

第16節：「讓雞喝酒水」的原因（2017.06.05）

雞（陸禽類）不同於鴨（水禽類）的身體結構及生活習性，雞特別怕寒冷及潮溼，尤其在冬季及梅雨季節，容易成凍雞及落湯雞，如不處理就會變成弱雞～而生病死亡了。

一般雞農會下各種藥物來防治，而愉園採有機養殖拒絕使用任何藥物，而愉園有機的方式，就是使用酒水（粕）、蒜頭水、老薑水或中藥材。

前陣子與老爸及好友共飲53度金高，還剩一點而剛好派上用場。考量雞與人重量比例，用水稀釋成約百分之2～5的酒精濃度，否則太高當場就成醉雞了，當然爲節約成本，也可使用米酒或酒粕代替。

有名的傳統美食～醉雞及燒酒雞，都是後端用酒烹調而成。如在前端養殖階段就開始用酒水餵飲，不知是否更美味？有興趣或廚藝界的朋友，可以試試。

▲ 幼稚班～喝酒水中

▲ 喝酒水的～青少年群

第17節：雞的「沙浴行爲」介紹（2017.03.28）

雞跟人一樣也要洗澡，只是雞不能水浴～淋濕會感冒生病，只能沙浴～雞用頭頸、腳爪、翅羽配合，將沙子均勻撒在羽毛及皮膚間，使皮屑、汙物、寄生蟲與沙粒摻混在一起，羽毛下豎毛肌收縮，然後猛然抖動全身，而將沙和雜物一起甩出，達到清潔的目的。同時也喙食些小沙石，以利胃囊消化食物。

經學術專家研析：沙浴的雞要比不沙浴的雞較健康少生病，產蛋率也多出百分之3到5左右。因此，養雞最好能建沙浴池，除前述好處外也符合自然人道養殖，另在沙中加入草灰、硫磺，可除寄生蟲及防雞缺硫，效果很好。

▲黑羽土雞沙浴中

第18節：「虎年黑羽土雞儲訓班的飼養重點及雞的各種台語稱呼」（2021.08.30）

明年2月1日爲舊曆年虎年開春，爲因應年節需求，特於上週由種雞場購入32隻週齡黑羽小土雞成立儲訓班。全期階段劃分及飼養重點如下：

一、初級班（小雞階段）：小雞的淘汰率最高，應先置於幼兒區（小雞籠）內，用清潔飲水及小雞飼料（熱量及營養最高）籠養一個月，籠子的頂部及左、後、右三邊用空飼料袋圍起來（只留底部及正面通風），並24小時用燈照保暖。

二、中級班（中雞階段）：中雞的淘汰率次高，應擴大活動範圍移至較大之圈養場（32隻約4～5坪大）用中雞飼料（熱量及營養次高）再圈養一個半月，夜間用燈照保暖。

三、高級班（成雞階段）：成雞淘汰率最低，白天於整個園區（約1200坪）採放牧式（放山雞）用大雞飼料（熱量及營養一般）再續養二個半月，黃昏用飼料誘雞群返雞舍休息，防貓狗入侵及淋雨生病，這個階段除非遇豪大雨及寒流外，可不必點燈保暖。

整個訓期愉園除用酒水、辣椒粉及有益菌外，不用任何藥物，體弱生病學員採明德班式的隔離照護措施，以防集體感染。

三個階段加起來剛好五個月，屆時母雞開始下初蛋，公雞開始發情追母雞，就表示雞隻已成熟，可以畢業過年加菜了。這個時候的雞～肉質、口感最優良，且營養價值最高，當然比市面上買的～只養2～3個月的速成雞要好太多了。

教我種蔬菜的陳老師對雞的台語稱呼，有如下精彩的表述（已徵求陳老師同意引用）：

「在台語裡，對於『雞』的性別、功能和不同階段，有不同的叫法，小雞階段叫『雞仔子』，若眞的要分公母，那公的叫『角仔』，母的叫『ㄋㄨㄚˊ（囡）仔』，中雞起前面則加上『雞』字，叫『雞角仔』、『雞ㄋㄨㄚˊ仔』，土雞角仔一般會閹割去勢，就是『閹雞』，現在坊間多稱作『太監雞』。『雞ㄋㄨㄚˊ仔』通常是指未生過蛋的，民間有『雞ㄋㄨㄚˊ仔』卡補，所以頂多生一兩次蛋就必須面臨畢業，『雞公、雞母』就是專門傳宗接代或生蛋用的，但有這種命的太少了。

未閹割開始發情的小公雞，則叫『秋雞角仔』，有時也會用來形容整天性緻高昂只想著追女孩子的小男生，而這種『秋雞角仔』多是給男孩轉大人進補用的。」

▲ 小雞籠養中

▲ 中雞圈養中

▲ 成雞放牧式養殖

第三章
定置養蜂

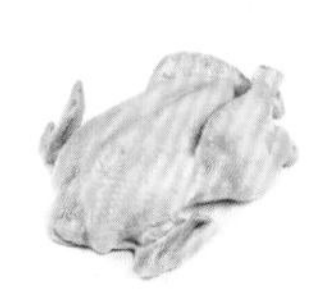

第1節：養蜂前應考量的方向（2018.04.29）

近期有數位農牧同好對養蜂產生興趣，並請愉園提供協助。近兩年的實務經驗，發覺養蜂是一種「愛護地球、工作辛苦及收成甜美」的工作，要考量的方向如下：

一、個人及成員的體質是否適合養蜂？切記不管防護再好，都有被蜂螫的可能，有人腫一下就沒事了，到打針、吃藥及住院的地步就不宜了。

二、蜂場週邊的鄰地如常噴農藥，且常聞到農藥味，就不適合養蜂了。

三、園區附近的蜜源植物是否足夠？蜜蜂的工作半徑爲5公里，先勘查如足夠就可養蜂，否則不宜。因爲不能一直餵糖水及蜂糧，人會過累，蜂蜜及其他產品品質也不好。

四、採定置式或遊牧式養蜂？定置式是屬業餘兼養～在自己園區內養蜂，依5公里半徑蜜源多寡可養1～20箱，主要是給園區蔬果授粉，次要也能收點蜂蜜、花粉。遊牧式屬職業專養～平時在自己園區，養50～500箱，隨季節變換協調南、中、北各果農，用貨卡車載運蜂箱輪流進駐各果園採蜜及授粉。

五、養蜂財力及人力的考量？如採定置式初期先養1箱繁殖，加基本工具約6千～1萬元，人力1～2人（助手）即可。遊牧式至少先買10箱以上繁殖，再加工具、貨車準備150萬以上應跑不掉，當然也可與貨運行簽約論趟計酬，省去買貨車的錢，另要有一組養蜂班組～平均每50箱左右約要請1人管理。

六、個人興趣及如何獲得專業知識？養蜂除了嗡嗡聲，是很辛苦及安靜的工作，喜歡熱鬧的朋友就不宜了。有關專業知識，如定置式～可請教前輩及上網學習。遊牧式專業養蜂，最好先參加蜂農專業班次（苗栗農改場每年有開班）較易成功。

七、如何銷售蜜蜂產品（蜂蜜、蜂王乳、花粉、蜂蠟）及獲利如何？定置式量少，因屬自產純蜜蜂產品，自吃、待客及在朋友圈、群組或網路銷售即可，獲利以愉園爲例：每一蜂箱每年約可採收15～30公斤封蓋蜂蜜，產值約1～2萬元。遊牧式量大，最好建立自產品牌透過通路銷售。如交大盤收購價格低且品質不好控管，就不划算了。當然與知名品牌契作，如合約及利潤合理也是不錯的選項。

▲ 甜美的收成

▲ 雲陽艦老戰友謝輔導長（左）及李爐頭（右）來愉園協助採蜜。

第2節：新報到的有機員工～來自義大利的千軍萬馬（2016.05.19）

愉園採有機農作，以至生態豐富，有許多不請自來的各種鳥獸昆蟲進出，其中有少量辛勤的蜜蜂來去愉園採集花粉及爲花果授粉。

基於紅龍果授粉的需要及自然健康蜂蜜的需求，經評估環境及人力後，決定自行養殖蜜蜂，透過雲陽艦老戰友金城兄的指導與協助，前天進駐義大利蜜蜂一箱，約有1萬到2萬隻蜜蜂加入愉園員工行列。近兩天來的觀察，蜜蜂們已適應環境，並開始進出蜂箱正常工作了。

各位好友：爾後來訪愉園，就可品嘗自產～自然健康的花粉與蜂蜜了。

▲ 蜂箱架設至定位

▲ 正熟悉環境的義大利蜂

第3節：蜂箱的「例行檢查」重點（2016.08.17）

愉園於今年5月18日由好友處引進義大利蜂一箱，近三個月來蜂群生態正常，已完全適應高樹的氣候環境，並成爲愉園重要的有機工作伙伴。

經老師指導每7天至2週需檢查蜂箱乙次，其重點如下：

一、查看蜂王是否健在？其活動力及產卵狀態是否正常？

二、檢視蜂群數量（所佔蜂巢片數量及密度），是否有蜂蟎（會使蜜蜂死亡）及大量暴斃現象。

三、檢視蜂巢是否有蜂台（將成新蜂王），如有則視狀況及需要，分箱或刮除之。（一個蜂箱不能有兩個蜂王）

四、每片雄蜂蛹留一、二個就好，多餘的刮除。（因雄蜂只有與蜂王交尾功能，留太多浪費花蜜）

五、清潔蜂箱裡外，並視需要放（換）除蟎片及噴草酸防治蜂蟎。

六、檢查蜂蛹成長及結蜜狀況（適時採蜜）。

七、如每箱蜂群增多，則加掛蜂巢片。如減少應考量減少蜂巢片或合併蜂箱。

八、檢查蜂箱週圍是否有虎頭蜂、螞蟻入侵跡象，並採處置措施。

九、如蜂群健康情況良好，蜂群卻無顯著增加，應考量近期氣象是否不佳（如陰雨數日工蜂無法外出採花粉及蜜）及蜜源植物開花不足，應人工補餵糖水（粉）或前採收之花粉。

▲ 檢視蜂巢片

▲ 蜂王（女王蜂）～壽命約3年左右

▲ 剔除多餘的雄蜂蛹

第4節：雨季的養蜂作業（2018.09.01）

豪雨期間如蜜蜂無法外出採蜜、花粉，將會因缺蜂糧而死亡，甚至整箱滅族。雨季期間定置式蜂農的工作重點如下：

一、雨季前一個月不宜搖蜜及採花粉，應將蜜及花粉保留當蜂群的戰備糧。

二、選擇地勢較高處放置蜂箱，以防淹水。

三、蜂箱加蓋遮雨板，使蜂箱不易受潮並減少蜂群的清潔工作量。

四、利用雨停空檔檢視蜂箱，適時調整蜂群及清潔蜂箱，以保持各箱蜂量、防止受潮及生病。

五、如有餓死現象，應考量回餵蜂糧（花粉為主）及蜂蜜（原採的）或糖水（糖6：水4／全粉糖亦可），以維持蜂群生存。

六、如餵蜂糧、糖水（或全粉糖），一個月內不應採蜜販售，因糖水其蔗糖含量太高約40%（純蜜為8%）且缺維生素、微量元素等營養成分。

愉園這次雨季前不搖蜜，以供蜂群雨季食用，因此1個多月的雨季期間，愉園定期檢查蜂箱蜜蜂無大量傷亡現象，因此決定不餵蜂糧及糖水。昨日開始天氣放晴，大批蜜蜂外出工作，愉園的蜜蜂總算平安度過今年的雨季了。

▲ 蜂箱與遮雨板

第5節：養蜂的「合蜂作業」（2016.12.18）

為了果樹授粉，今年5月開始養了一箱蜜蜂，當初的構想是採「定置養蜂」（另一種叫遊牧養蜂～逐花而居），讓蜜蜂在5公里工作範圍自採自足，不另加糖水等飼料，然事與願違，入冬後蜜源減少，蜜蜂族群由5片蜂巢片逐漸減為2片（幸好女王蜂還健在），眼看就有滅族的危險了。遂開始餵糖水及花粉，老師也贈送3片蜂巢片（約1萬隻工蜂及雄蜂，無女王蜂），併入愉園的原蜂箱（群），這叫合蜂作業。

合蜂作業是將兩個或多個（箱）不同的蜂群合併成一箱，原則是弱群併入強群、無王群併入有王群，因每蜂箱群味不同會產生爭鬥大量死亡現象，因此，用酒精將蜂箱內及原、新共5片蜂巢實施噴霧，以降低雙方群味再併入，也可併入時用隔王板將兩群隔開，等2～3天兩群群味綜合後，再把隔王板移開併成一群。經觀察～平安無事，合蜂成功。

▲ 合蜂作業前

▲ 合蜂作業中

第6節：擴充蜂群的方法～「分蜂（箱）作業」（2017.03.23）

愉園去年五月試養了一箱義大利蜂爲果樹授粉。近期春暖花開蜜蜂量增加，有分箱擴大蜂群的必要。

最佳的分蜂（箱）作業方式：先觀察原蜂箱是否有新王台產生？如有，卽可將原蜂王（帶3至4片蜂巢片）移入新蜂箱，擺新蜂箱的位置要離舊蜂箱10公尺以上，以防新蜂箱蜜蜂回到舊（原）蜂箱，2至3週後待原蜂箱王台孵出新蜂王且婚飛產卵，卽完成分箱作業。

一週後檢查發現新蜂箱原蜂王不明原因消失，經李老師指導及協助，用其蜂箱內有王台之蜂巢片兩片，分別移入愉園原、新蜂箱，再過二週觀察均已孵出新的蜂王，愉園蜂箱已由一箱變二箱～分蜂（箱）作業順利成功。

另外也可引進（或購買）其他蜂場的蜂王，先用隔王籠（夾）關住蜂王置入蜂箱（巢框上），觀察2～3天，如工蜂開始正常餵食蜂王吃蜂王乳，且無排斥現象，卽可將隔王籠（夾）打開，讓蜂王進入蜂巢，這種擴充蜂群（箱）方法叫介王，也可借機引入強壯且不同族群的蜂王，防止蜂群近親繁殖而弱化。

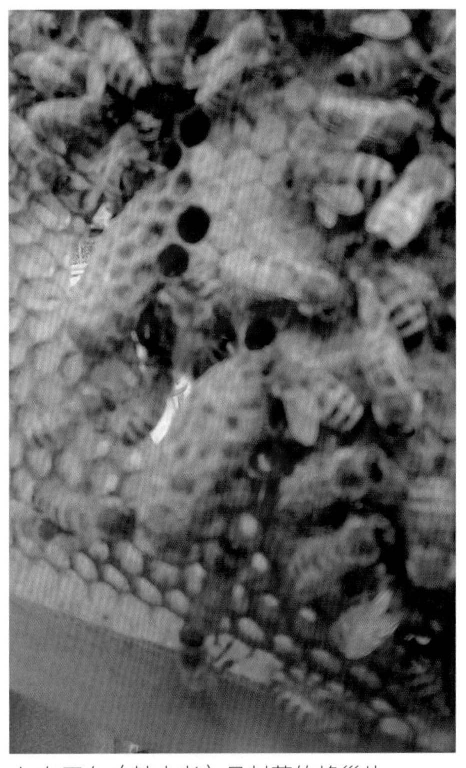
▲ 有王台（較大者）且封蓋的蜂巢片

▲ 置入蜂箱

第7節：春暖花開～「花粉採集」樂（2017.03.13）

正值百花齊放的春季，特別是園區鄰地的玉荷苞盛開，愉園的蜜蜂忙著採花粉及蜜，此時正是蜂農收成的季節，特別介紹愉園人工採集花粉的程序：

一、由蜂具店購入花粉收集器～分框架、攔截格欄及收集盒等組件。

二、將花粉收集器裝置蜂箱正面之出入口。蜜蜂在半徑5公里採收花粉抱於腳上飛回蜂箱，經過攔截格欄時，蜜蜂可進出格欄小洞，卻將花粉團攔下，而掉入收集盒。

三、蜜蜂白天工作每日約12小時，收集器約置4至6小時收集，另有6至8小時供蜜蜂正常作業，以維持蜂群生存。

四、取下花粉收集器，並將框架及收集盒分置蜂箱頂上，讓蜜蜂離開回箱。

五、約半小時後將收集盒及框收回室內，用小夾子將雜質清除。

六、將篩選過的花粉用玻璃罐密封置冰箱冷凍保存備用。

花粉有非常高的營養價值，爲極珍貴的養生食品，也是蜂農的主要收入之一。

▲ 玉荷苞開花

▲ 花粉收集器組件～框架、攔截格欄及網、收集盒

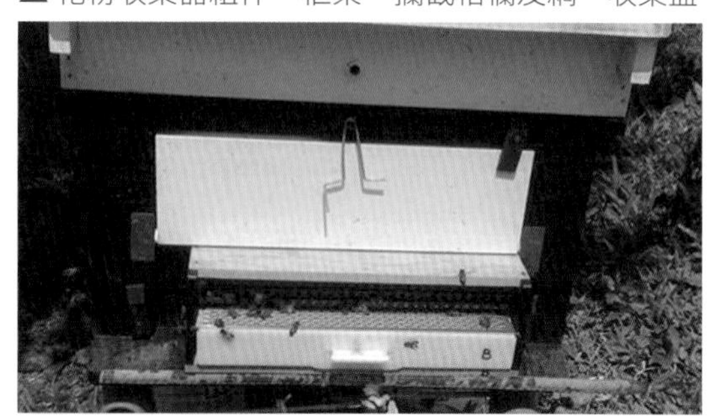
▲ 裝上花粉收集器

▲ 由蜂箱收集的花粉

▲ 取下並分開放置花粉收集器～讓蜜蜂飛離

第8節：首次「收蜂作業」～圓滿成功（2018.10.23）

今天發現牛樟樹上有一群逃蜂～約1萬多隻，經檢查園區蜂箱一切正常，研判應爲其他蜂場的逃蜂，即刻實施收蜂作業，傍晚天黑前順利完成，人員無損傷，戰果：收編義蜂一箱。

一、產生逃蜂的原因

1.每年春天及秋天時，百花盛開蜜源較多，蜂群會有擴大繁群（蜂）的行爲，又叫春繁及秋繁，這兩季節最易發生逃（分）蜂現象，特別是春季（繁）。

2.一個蜂箱（巢）只能有一隻女王蜂（隔成多王除外），當王台產生蜂農未處理，老女王蜂會在新女王蜂咬破王台出生前，或新的女王蜂出生後，新、舊女王蜂會爭鬥，輸的女王蜂會帶領半數的工蜂、雄蜂逃離原蜂箱。

3.蜂場半徑5公里蜜源不足，蜂群無法生存時。

4.有蟲、蟻害入侵，影響蜂群生活作息時。

二、收蜂作業

1.置一空蜂箱於逃蜂團下，內放3～7片蜂巢片（脾片），並置糖水盒誘蜂群入箱。

2.觀察少量蜂群會開始進入蜂箱。

3.日落蜜蜂都回來時，全身穿著防護裝，用噴煙器降低蜂群躁動，適時將蜂群團抖入（或摘下放入）蜂箱。

4.最好能確認女王蜂入箱。（蜂群太多時不易看到女王蜂）

5.用噴煙器將剩餘蜜蜂燻入箱內，加蓋封門，移至預劃位置，即完成收蜂作業。

各位好友：爾後在野外、園區或建築物發現逃蜂時，請勿驚慌保持5公尺外，可優先電請專業養蜂農收蜂～增加蜂群數量，其次請消防隊處理～摘除銷毀。切記千萬不要自行處理喔！

▲ 外來的逃蜂

第 9 節：「搖蜜作業」介紹（2018.03.07）

過完年後春暖花開，愉園的有機員工～六箱蜜蜂辛勤地爲鄰地的玉荷包授粉及採蜜……。今天爲愉園今年第一次的搖蜜，其作業程序如下：

一、採蜜不宜在陰雨天或晚上作業，因爲相對溼度高，採的蜜水分高，易發酵變酸變壞，且保鮮期短不能久存，因此，蜂農大都在白天天候晴朗時採蜜。

二、打開蜂箱蓋檢查結蜜狀況及找到女王蜂位置。

三、有女王蜂在的蜂巢片（脾片）不可搖蜜，因爲女王蜂會因環境改變及抖動而飛離（又叫逃蜂）。

四、將其他含蜜量足夠的蜂巢片逐片拿起，上下抖動三、四下或用抖蜂機使蜜蜂掉入蜂箱，再用大毛刷將剩餘蜜蜂揮走。

五、將蜂巢片上封蓋的蜜蠟用利刃切除。

六、蜂巢片每次兩片置入搖蜜機。（不宜單片～不平衡）

七、用手搖柄先順搖及反搖各6轉（力量稍大）。再順搖及反搖各12轉（力量較輕）。將蜂巢片反面後，再重複上述搖蜜動作乙次。

八、這是利用離心力，將液態的蜜汁自固態的蜂巢搖出，然後沉入桶底。

九、用過濾網及盛具，將雜質去除留下純蜜。

十、按所需分量裝罐及包裝即完成。

▲ 打開蜂箱蓋

▲ 封蓋蜜

▲ 搖蜜作業中（內置兩片蜂巢片）

▲ 流蜜中

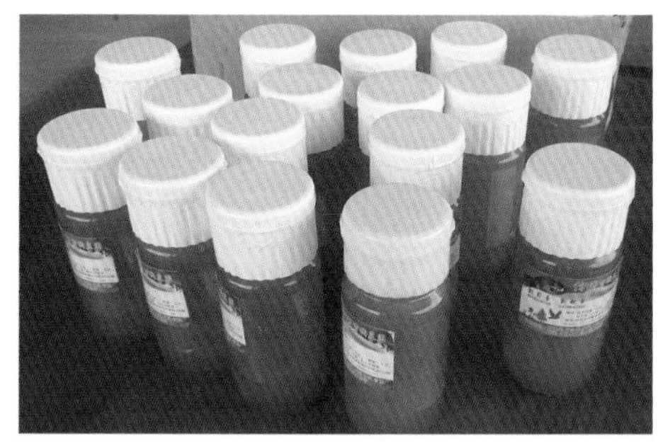

▲ 蜂蜜成品～標準瓶罐700公克

第10節：「蜂蜜種類的區分及營養成分介紹」（2018.04.07）

清明假期在兒、媳的協助下，實施今年第四次採蜜作業，共採收4箱約17公斤的荔枝蜜。

一、蜂蜜種類的區分

蜂蜜依季節採收的蜜源不同，而有下列的主要區分：

(一)荔枝蜜：每年2～3月間，高樹、大樹或其他地區的玉荷包、黑葉荔開花時，採收的蜜就叫荔枝蜜。

(二)龍眼蜜：每年4～5月間，大崗山或其他地區的龍眼開花時，採收的蜜就叫龍眼蜜。

(三)百花蜜：其他月份，由各種不同果樹、花草所採收的蜜，一般包括紅龍果、檸檬、黃金果、木瓜、香蕉、桂花、紫薇、檳榔、咸豐草、百香果、七里香、鳳梨……等花，所以叫百花蜜。

(四)特種蜜：某些地區有特別的蜜源群，所採的蜜叫特種蜜。如蒲姜蜜、馬魯卡蜜……等，由於稀有、風味特殊及有特殊療效，因此售價更高。

二、天然蜂蜜的營養成分

引用自苗栗區農業專訊第79期第19頁：廖久薰（助理研究員）著〈國產蜂蜜營養成分及抗菌之比較〉：

「蜂蜜除了水分外，主要以醣類爲主，並含適量的維生素、礦物質、氨基酸及酵素類等。

醣類占蜂蜜總量的70～80%，主要以果糖及葡萄糖爲主，占總醣類的80～90%，其它尚含少量的麥芽糖、蔗糖、甘露糖等。

礦物質平均含量爲0.04%～0.06%，主要以鉀、鈣、鎂、鐵、鈉、錳、矽等鹽類，其中鉀含量最多。

維生素如B1、B2、B6、C、H、K等種類衆多。

酵素主要有澱粉酶、轉化酶、過氧化氫酶、磷酸酯酶、葡萄糖氧化酶、酯酶等，這些都是蜜蜂採集及釀蜜過程中，由蜜蜂口器分泌腺體時混入的，是天然食物中含酵素最多的一種。

此外還含有10餘種氨基酸、生物激素、葉綠素的衍生物、葉黃素等功能性成分。」

顯見蜂蜜富有極高的營養價值及部分療效，而中、西方的醫生都曾將蜂蜜當成藥物來使用。

▲男女園主準備搖蜜

▲蜂蜜成品

第11節：「假蜂蜜的分類」及「眞蜂蜜的分級」（2018.03.14）

市面上有很多假蜂蜜，其概分三類：

一、全假的蜂蜜：用果糖加香精，再加色素，要什麼口味、顏色的蜜都能仿製成，又叫調和蜜。

二、半眞半假蜜：用台灣原產的眞蜜對上上述全假的蜜而成。

三、用國外進口的廉價蜜僞裝成國產的高檔蜂蜜出售。

各位好友：爲了您的健康一定要愼選蜂蜜，千萬不要當了冤大頭又傷身喔！

今天依蜜蜂生態學的釀蜜機制，與各位探討眞蜜的分級：

一、低級：水蜜

蜜蜂在1～3天內採回的蜜，含水量較高（23%以上），還沒轉化熟成，就被蜂農採收販售（可較封蓋蜜多採5次〔倍〕以上以增加收益）的就叫水蜜，含水量高容易發酵變酸變質，且營養成分嚴重不足。

二、中級：濃縮蜜

將採收的水蜜用機具濃縮，雖可將水分降到20%以下以延長保存期，然作業時溫度愈高濃縮時間愈短，但如超過47度C蜂蜜的營養成分會受損及降低。各位在市面上買到的眞蜜，絕大部分都是這種濃縮蜜。

三、高級：封蓋蜜（又叫熟成蜜）

當蜜蜂帶回巢的蜜，經過7-14天的自然轉化成熟過程，其營養價值最高時，蜜蜂會將其封蓋儲存（冬季蜜源少時備用），因此，在封蓋後採的蜜，水分最少（低於20%）保存期最長（2年以上），且營養價值最高。這種熟成的封蓋蜜在市面上非常稀少。這也是愉園堅持採高品質～熟成封蓋蜜的原因。

▲ 封蓋蜜巢片

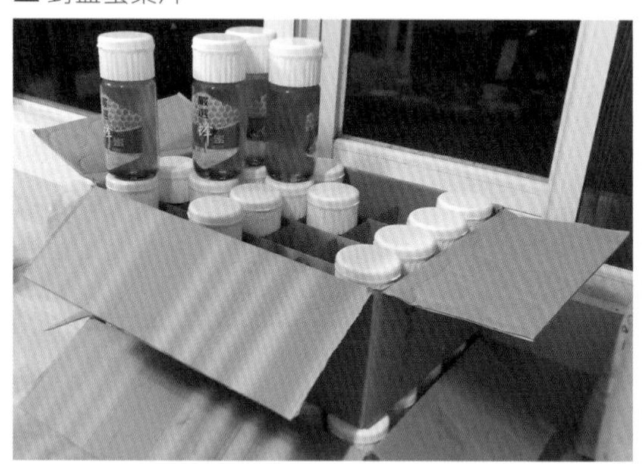
▲ 搖蜜的成果～讚！

▲ 頂級封蓋蜜出貨中

第12節：養蜂「舊巢脾的簡易處理」法（2019.04.25）

蜂巢脾育子約15～20代（約1年半到2年）就會變舊、黑及髒，如不淘汰則會影響幼蜂的發育，且易產生病害。

汰換時如框架（木質或塑膠）已不堪使用建議全面更新。如框架還可使用，基於生態環保，專業養蜂（量多）～可用蒸蠟機清除後再利用。業餘養蜂（量少）～可考量下列簡易處理法：

一、先將巢框上的舊巢脾用利刀分格割除，累積一個量後再進行下列程序。

二、在室外（較安全）用快速爐、高筒身湯鍋，裝水7～8分滿煮沸。

三、將巢框置入沸水中燙煮，除高溫殺菌外，也使蜂蠟、蜂膠及雜質脫離框架及不鏽鋼絲。

四、拿出框架，用刷子快速清除殘留之蜂蠟、蜂膠及雜質。附註：冷卻後會再附回框架上。

五、用水沖洗乾淨、晾乾、調整或更新不鏽鋼線後，就可裝新脾片再使用了。

六、煮過的鍋子上部內側會有蠟垢很難清除，先用不鏽鋼湯匙刮除大部分，再用鋼絲刷清除細部即可。

各位蜂友：「養蜂愛地球，煮框可環保」，大家一起爲永續生態盡一分心力吧。

▲ 分段割除舊蜂巢

▲ 置入沸水高温殺菌及去蜂脾、蜂膠

▲ 用刷子刷除殘留的蜂巢及蜂膠

▲ 完成後的巢框～幾乎像新的一樣

第13節：蜂箱的「防颱措施」（2019.07.17）

愉園養蜂3年多來，由1箱養到12箱。

第一年防颱較無經驗，將6箱蜜蜂堆疊置於小儲藏室，結果因緊迫損失過半，後來就改用就地防颱，其措施如下：

一、選擇園區地勢較高，且不易淹水的地方置蜂箱防颱。如園區較低應用原蜂架或架高，以防淹（進）水。

二、用原遮陽板置於蜂箱前，保持往前10～15度傾斜，滲入雨水時可迅速排出，防止受潮及病害。

三、將蜂箱蓋子前後用扣夾扣緊，以防箱蓋被吹開。

四、將蜂箱低移至遮陽板中央，降低受風面。方向與前同向。

五、兩側各釘乙支長露營釘。

六、用尼龍繩穿過釘眼，將蜂箱固定在地面上。

七、用1～2塊空心磚壓在蜂箱上。

八、清除蜂箱飛行路線前之雜草。

九、因應颱風及伴隨來的豪大雨，應先預置蜂糧及糖水（粉）。

十、颱風剛過風力減弱，連續豪大雨來臨前，儘速將蜂箱恢復原狀態。

用上述措施防颱，經過2次颱風考驗均平安，蜜蜂無損失狀況，謹供各位蜂友參用。

▲ 防颱前蜂箱狀況

▲ 蜂箱的防颱措施

第14節：「教收學生養蜂」～搶救地球生態（2020.05.31）

前幾年世界各地的蜜蜂大量死亡，主要原因是營養不良、寒流來襲及農藥DDT等的濫用，造成蜜蜂中囊病及認知退化。科學家曾嚴正警告：「地球的蜜蜂如絕滅，植物將無蜜蜂授粉而減產，人類也將在4年後滅亡。」

愉園養蜂授粉近5年，前年開始陸續共教收了18位學生養蜂，先經過輔導、教學、實作並帶回一箱蜜蜂試養，分別分佈在桃園、台中及屏東各地，經查詢有15位學員養蜂成功，並已分別擴箱成2～6箱，大部分已開始採蜜及花粉自用及販售。

愉園能成功推廣養蜂，並爲恢復地球生態盡分心力，感覺非常有成就感。

▲待嫁的蜜蜂

▲出嫁到台中的蜜蜂

第15節：愉園與魏榴槤農場合作～生產正港的「榴槤蜜」（2019.04.30）

榴槤蜜是近期新興的熱帶果樹，屬桑科木鳳梨屬幹生果樹，因帶有榴槤的味道，故名爲「榴槤蜜」，與木棉科的「榴槤」及「蜂蜜」完全無關。

位在屏東崁頂的榴槤魏農場，是目前國內最大規模榴槤種植成功的基地，佔地1公頃多種有250株榴槤。大部分是高品質的貓山王品種。

據場主魏博士說：定植5年多來，去年約10幾株開花，成功收成了第一粒國產貓山王榴槤果。今年開花期（1～4月）特與愉園合作，引入義蜂兩箱，今年開花60幾株，經蜜蜂及人工授粉，約可採收6、70粒榴槤果。預期再2年後，250株榴蓮全部開花，屆時愉園蜜蜂與魏榴槤的合作，將可生產出國內第一瓶眞正的榴槤蜜了。讓我們拭目以待。

▲榴槤蜜（桑科）樹～不是榴槤（木棉科）樹喔

▲ 榴槤樹開的花

▲ 榴槤樹群下的蜂箱

▲ 榴槤魏農場～魏博士(中)及夫人

第16節：蜂農們「豐收的季節」（2021.03.21）

昨天在我的養蜂學生王同學的見學下，今年第一次採蜜，12箱共採收了64公斤的荔枝（玉荷包）封蓋蜜，並分裝成89罐（700公克／罐），其中還有許多待封蓋的蜜，預計下週再採。

愉園今年採蜜比往年豐碩的原因如下：

一、去年冬天的幾波寒流，刺激荔枝、芒果、龍眼……等果樹入春後大量開花。

二、調整蜂群在2月底前兵強馬壯，以利3月份玉荷包開花期採蜜。

二、在附近玉荷包開花前，成功擴培繼箱6組，增加採蜜量。

四、往年收太多養蜂學生（去年12位），每位學生畢業時要帶走一箱蜜蜂，因而稀釋了自己的蜂箱及蜜蜂量。今年只收三位學生養蜂愛地球，影響自己的採蜜量不大。

五、女園主策略性的建議及鼓勵。

愉園去年積欠好友及客戶200罐的頂級封蓋蜜，今年有希望能還清。

▲ 半圓為已封蓋的工蜂蜂蛹（右），其餘即為封蓋蜜

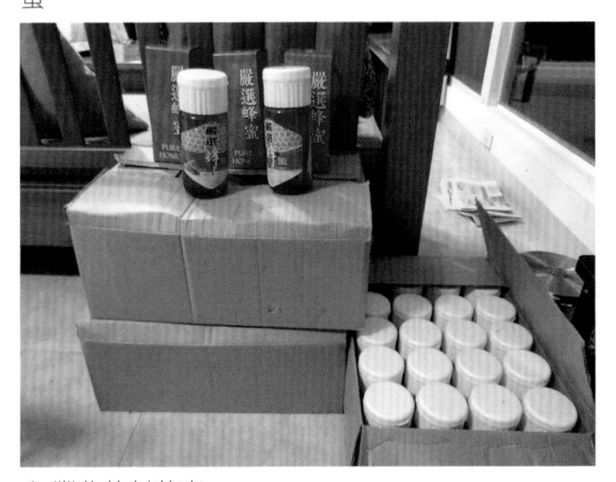

▲ 豐收的封蓋蜜

第17節：堅持採收符合歐盟規範的「頂級封蓋蜜」（2021.04.26）

經查歐盟對蜂蜜的重要規範如下：

一、定義：義大利蜂採集植物的花蜜……等，並與自身分泌的特殊物質（消化酶、轉化酶……等）結合，進行轉化釀製、沉積脫水，貯存在蜂巢中自然熟成後，吐蠟封蓋的天然甜物質。

二、轉化釀製後的葡萄糖和果糖等單醣的含量不低於60%，蔗糖……等雙醣不高於5%。

三、自然熟成脫水封蓋後，含水量低於20%（細菌及酵母菌無法存活，不會發酵變質），保存期限長（2年）。

愉園二週前今年第二次採蜜，15個蜂箱（定置式養蜂）共採收69公斤分裝成90罐（740公克／罐）的頂級封蓋蜜（釀蜜時間長～自然熟成水分低，營養價值高）。而鄰地進駐200箱的職業（遊牧式養蜂）蜂農，在整個35天的荔枝大流蜜期共採收了10次的水蜜（釀蜜時間短～水分高未熟成，營養價值低），產量（以次數來算）是愉園封蓋蜜的4～5倍。

愉園長期以生產高品質健康安全的農產品為主要目標，並依循歐盟的規範生產蜂蜜，以這批義大利蜂產的封蓋蜜為例，經蜂蜜檢測儀檢測數據如下：

一、含糖量達79.5%（比歐盟標準60%以上還高很多）。

二、水分18.7%（比歐盟標準20%以下還低）。

三、波美度42.25度，經換算與水的比重爲1.414（熟成蜜的比重在1.401～1.443之間）已呈近粘稠狀，是極佳的自然熟成蜜。

本批封蓋蜜經物理性檢測，其結果完全超過歐盟的標準值，可稱之爲「頂級封蓋蜜」了。

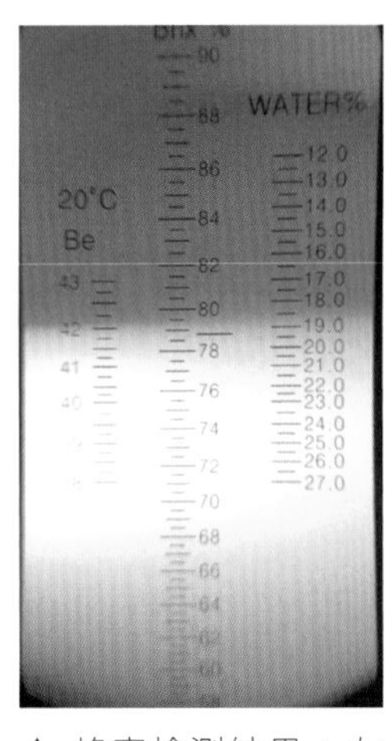

▲ 蜂蜜檢測結果：左爲波美度（比重）、中爲糖度（含糖量）、右爲含水量

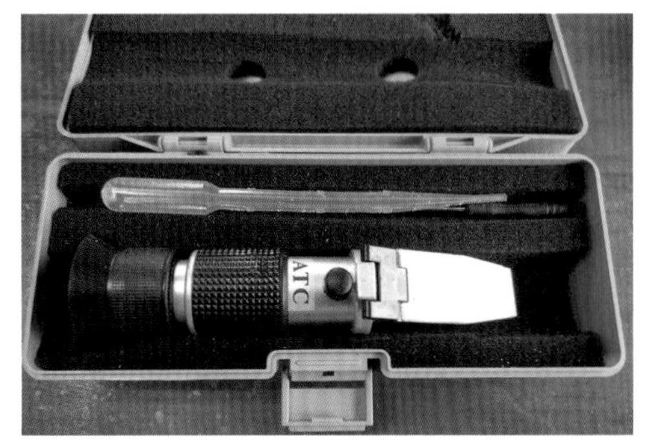

▲ 蜂蜜檢測儀，又叫折光儀

▲ 這批採收的頂級封蓋蜜

第18節：支持「蜂蜜的純度標示新制度」（2021.08.26）

長期以來高價農產品蜂蜜，一直讓大部分的消費者傻傻分不清～眞蜜假蜜？純蜜混蜜？化工調和蜜？不肖業者更是以假亂眞、以混裝純、以國外劣質蜜代（混）國內優質蜜、以化工調和蜜代天然釀蜜……等手段賺取暴利爲人詬病。

據報衛福部食藥署祭出蜂蜜純度標示新制，新規範預計最快112年7月可以上路。其目前規劃的原則如下：

一、蜂蜜含量100%～可標示「蜂蜜」、「純蜂蜜」及「100%蜂蜜」。也就是不純的不准叫「蜂蜜」了。

二、蜂蜜含量≧60%～有添加糖漿，需標示「加糖蜂蜜」，或加其他原料的「〇〇蜂蜜」。

三、蜂蜜含量＜60%～品名需標示「蜂蜜口（風）味」。

四、不含蜂蜜（如化工調和蜜）～不得標示「蜂蜜」字樣。

希望政府官員能挺住不肖蜂蜜業者的壓力，爲消費者權益及全民健康，好好推動及把關。盼望優質的蜂農再也不必用「純正蜂蜜、不純砍頭」的招牌沿路推銷了。

第陸篇
一般水果

第一章
全年水果

第1A節：「鳳梨苗」的定植作業（2017.11.22）

近4年前間種了第一批～5000多株鳳梨，採有機種植，香甜又美味，近2年前又種了第二批～300株，女園主做鳳梨醬、鳳梨酵素，健康又安心，今年女園主又特別下命令～「克服萬難繼續再種」。由於愉園各類果樹愈來愈大，能間作鳳梨的空間愈來愈小，今年只能種147株了。其定植作業如下：

一、前一批鳳梨收成後，老株先不砍除，在約2～3個月後每株可生側芽（裔芽）4～5株，可當種苗用。

二、摘下種苗後將前、後端稍切除，置露天曝曬消毒滅菌。可置2個月再定植，也不會損壞。

三、翻土（大面積商業經營～請農機代工，小面積有機自吃～用人力翻挖～當運動）50公分左右深（當然愈深愈好），曝曬一週以上滅菌、蟲，再施放及平均混合有機肥。

四、鋪上種鳳梨專用的黑色塑膠布，有固定格式～一次性使用便宜又很方便。

五、將鳳梨苗按大小種在一起（可防止大株搶肥，小株會長不大），每一洞挖深（買專用工具或一般手鏟）約15公分，將苗置入並將週圍的土壓實。

六、全面定植完成後，將塑膠布四週用石塊或土團固定，防止被風吹移。

▲ 曝曬消毒

▲ 挖植土

▲ 混合有機肥

▲ 鋪黑塑膠布

▲ 定植完成

第1B節：「鳳梨」的套袋及遮光作業（2017.05.05）

愉園種鳳梨採自然熟成，今年2、3月陸續開花，4月底5月初已著果完成正長大成熟中（鳳梨自然正常採收期應為6、7、8月），為防爾後烈日曬傷果肉，要實施套袋及遮光作業如下：

一、第一種：旗袍式紙製套袋，可由兩側窺視成熟狀況，但不能重複使用。

二、第二種：戴帽式不織布套袋～可低頭看到成熟度，且可重複使用。

最近有鳳梨農友訂製不同顏色的不織布套帽，在偌大鳳梨田構築美麗圖案，很是用心，值得大家讚賞及鼓勵。

三、第三種：遮光網式遮光作業，可一條一條的遮蓋，方便省工，且可重複使用。

▲ 鳳梨開花

▲ 著果完成準備套袋

▲ 套袋～旗袍式

▲ 旗袍式套袋完成

▲ 戴帽式套袋

▲ 高樹鄉鳳梨農的創意

第1C節：「土鳳梨」～台農三號的故事（2016.07.07）

小時候住台中清水眷村，就讀清水國小，課餘常去附近的鳳梨加工廠，撿拾鳳梨餘料當水果吃，那種酸中帶甜的味道才是正港且令人懷念的鳳梨味，多年後農政單位先後開發了有牛奶味的牛奶鳳梨、有甘蔗味的甘蔗鳳梨、可像釋迦剝著吃的釋迦鳳梨，直至金鑽（台農十七號）甜又好吃而成爲食用鳳梨的主流。

近年因陸客鳳梨酥成爲最佳伴手禮，而土鳳梨口味及其纖維質是鳳梨酥最佳的材料，製作鳳梨醬及酵素也極佳，可愛的農民又掀起種土鳳梨的熱潮。

愉園三年前間種金鑽、甘蔗及土鳳梨共5000多株，一年半前順利採收出貨，女園主用土鳳梨做了酵素、鳳梨醬，好友做了鳳梨酥，口感均特佳。故特將土鳳梨約500株老株發的新苗（僅留一新株）續長，（據農友告知：這種留老株生的二代果雖較小但口感極優。）又經一年半的生長昨天開始採收了。女園主又有鳳梨酥、醬及酵素可製作了。

▲土鳳梨特寫

▲土鳳梨採收

第1D節：如何「選購優質鳳梨」的三大要領（2017.06.10）

鳳梨原是夏季水果（6、7、8月成熟），經多年改良已成全年可生產的水果。但台灣有一小群可愛的鳳梨農，寧可冒「量多價跌」的風險，也要堅持不調整產期讓鳳梨自然成熟，而生產出有機、自然、有原味的鳳梨。

消費者如何選購優質的鳳梨呢？依愉園近4年種兩批鳳梨的經驗，彙整三大要領如下：

一、重量：選每粒2.5～3.5台斤的鳳梨最佳，因爲低於2.5台斤賣相不佳，削了皮後就沒多少果肉可吃了。3.5台斤以上纖維質較多，口感及甜度稍差。

二、聲音：用拇指扣中指彈鳳梨，聲音像彈手臂低沉的肉聲（台語），這種鳳梨水分較高，鳳梨酵素很快就發酵，1～2天後酒味就出來了。如彈的聲音像彈腦殼的叩呀聲（台語），這種鳳梨的甜度及口感極佳。

三、熟度：由外觀選7～8分熟（黃）的鳳梨，回家後置室溫擺到9～10分熟，再剖開來吃～口感甜度最優。

各位好友下次買鳳梨可以按上述的要領來選購喔。

▲ 在欉紅的鳳梨

▲ 裝箱出貨

第1E節：利用頂樓（陽台）「簡易種植鳳梨」的方法（2019.11.06）

近期有些暫時沒有園地、喜歡種植的同好問我：如何利用頂樓（陽台）種植鳳梨？今彙整介紹如下：

一、至回收場買20公升的白色塑膠空桶，每個僅約10元，如至園藝店買紅色花盆約200多元。～自行考量。

二、將桶洗淨，於底部鑽5～10個洞（以利排水），並用濾網置桶內層底部（防土壤流失）。

三、買鳳梨苗（每株約3～5元），食用的以台農17號金鑽最優，也可買市面上的鳳梨，切取冠芽日曬去菌後當苗種植。

四、將培養土與原土1：1比例混合後，置入桶中約9分滿。

五、將鳳梨苗以5公分深度植入桶中，並將根部壓實。原則每桶種一株。

六、種後前二天澆水微濕，爾後靠自然雨水及露水卽可（鳳梨很粗放）。唯旱季時葉變黃、紅（表示太乾）時才澆水，保持葉片變綠色。

七、定植兩個月內不要施肥，爾後用有機追肥（粒肥）每月施一小把，初期施根部土壤附近，植株長大後施在老葉腋處。

八、約1年後開花，1年半收成，再培苗半年，因此，整個種植週期共2年。

九、果實收成後，原母株會發側（吸）芽3～4株，長到5～60公分長時就可摘下當苗種下一批了。

十、鳳梨喜愛陽光，至少要半日照以上，結果中期果實要遮陽防曬傷。

各位好友：以上方法只適合小規模種植～自吃爲主，希望對您有助益。另喜歡紅龍果也可比照參用。

▲ 用塑膠桶種植的鳳梨

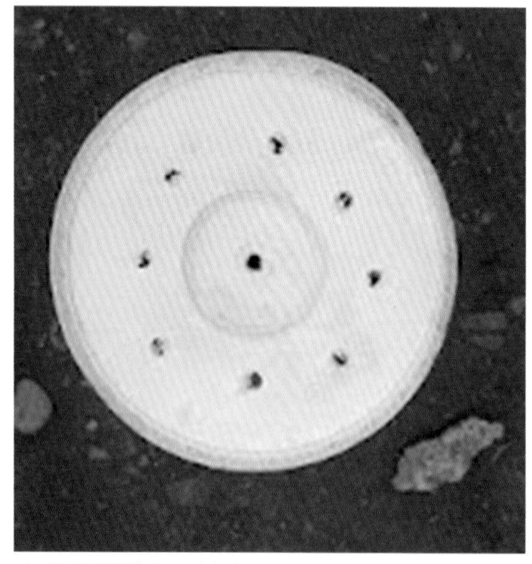
▲ 塑膠桶鑽洞～排水

▲ 種植完成

第2節：「木瓜」的有趣小知識（2018.04.10）

愉園間種了約25株木瓜，爲紅妃、台農2號、6、及5號品種，均爲黃心木瓜。試吃結果以台農5號果大香甜較適合愉園環境種植。種植3年多來，累積有關木瓜的有趣小知識如下：

一、就植物分類而言，木瓜原應叫番木瓜（番木瓜科），眞正的木瓜是另一種薔薇科的美艷植物。有番字的植物都是外來種，原產熱帶美洲，台灣是在清末由先民從大陸引入。

二、木瓜可分爲雄株、雌株及兩性株三種樹體。雄株只開雄花，主要是授粉，雌株只開雌花，經異株雄花授粉，結果呈圓形狀，兩性株雌雄同花，果實呈長橢圓形狀，市面上販售的木瓜大都爲兩性株的木瓜。

三、木瓜重量以800公克（約1.3台斤）左右最佳～一個小家庭剛好食用，如太大或太小價格會相對降低，太大的被冰果店便宜收購打果汁，太小的只有折價便宜賣了。一般木瓜農會用選種、疏果、肥料、藥物……等方式調控果實的大小。

四、木瓜株高可達8～10公尺，爲採收方便，要用：1.斜種法。2.扭折彎曲法。3.繩綁法來矮化。

五、木瓜園忌淹水，種木瓜要種高畦及壟高較佳。

六、大面積木瓜園都要加蓋網室，採用32目（指在1英吋〔2.54公分〕上下各

32條）網布防止輪點病。愉園是採開放式間種，並與香蕉輪作，目前無輪點病等病蟲害發生。

七、在市面上看不到，也買不到全熟的木瓜，原因如下：

1、如全黃（熟）或7～8分熟，早起的鳥就先啄食，無法賣了。

2、全熟的木瓜1～2天很快就熟爛了，無法賣到消費者手上，一般都是3～4分熟（就是看到綠色木瓜有3～4條黃線開始轉色）就採下，透過市場大、中、小盤商的銷售機制，到消費者手中約過2～4天，剛巧是木瓜的後熟期而慢慢變黃（蒂頭也會變軟），可讓消費者食用了。

3、當然「在欉紅」（這是台語發音，如國語～有點像與老情人「再重逢」的發音）要比「後熟黃」的口感、味道好太多了。這也是搞農牧的小確幸。

八、木瓜的營養價值極高，可生食、製果汁如木瓜牛奶，經研究木瓜含有高量的維生素A及維生素C，更含大量酵素幫助消化，另坊間有「青木瓜藥膳」對年輕女性可豐胸通乳之說。

▲ 近期採收的木瓜

▲ 雄株的花（本照片由台南周先生提供）

▲ 雌株的花及果實

▲ 兩性株（雌雄同株）的果實

第3A節：「香蕉」的品種、選購要領及營養價值（2015.11.06）

香蕉是世界五大重要水果之一（依序爲葡萄、柑桔、香蕉、蘋果、芒果），名列第三，原產印度喜馬拉雅山南麓，後傳種世界各地，台灣約在265年前由大陸華南引進。

國內種植以北蕉爲主，旦蕉（呂宋蕉）、李林蕉、紅皮蕉及台蕉一、二號爲次。全年均有生產，春夏蕉在高屏地區，秋冬蕉在中部爲主。

選購要領：形體肥厚圓鈍、色彩光滑最佳。熟透的香蕉，果皮會產生黑褐色斑點，此時食用最香甜。

營養價值：熱量高，水分多，其他有蛋白質、醣類、維生素c、鈉、鉀、鈣、B1、B2、B6等。香蕉味甘性寒，常吃能美容，幫助消化，預防便祕。

▲ 香蕉開花結幼果～套袋前

▲ 套袋主要是防病蟲害及外傷

▲ 送青果行分級（A、B兩級）論公斤收購

第3B節：有機「香蕉」的種植要點（2019.05.15）

愉園5年多來每年間種了30餘株香蕉，以北蕉爲主，7分熟採下送（賣）青果行催熟後上市，芭蕉少量，可「在欉黃」或摘下後（自）熟～自吃爲主。種植香蕉的幾個要點如下：

一、香蕉全年可產，喜歡水～生長快速，但不能長期淹水。

二、用1.5英吋（直徑）4公尺（長）鍍鋅鋼管當支柱，可用10幾年～防颱風及因果重而折斷，不要用竹桿，只能用1～2年。

三、香蕉除主株外，平時根部長的小側支要割（挖）除，以免長一大堆側支分散及占用養分，使果實變小。

四、主株開始開花結果時，才留一側支，以接替主株，其餘側支還是割（挖）除。所以再種時，除非得病，可以不要再買苗了。

五、主株開花著果後，看樹的體型健康狀況，留5～9把香蕉，其餘割除，以免佔用養分，造成果實短小。

六、當著果到蒂頭開始枯萎變黑色，就可摘除蒂頭後套袋～以防蟲害，果實也較美觀。

七、依生長期大小每月施有機肥1～5碗（飯碗的量）。

八、易得黃葉病及黑心病～由土壤傳播，傳統習作用藥（可問農藥行用何藥？）。有機種植：1.連根挖除。2.挖土曝曬或噴瓦斯高溫消毒。3.與木瓜輪作。

九、採收時要一手抓住香蕉尾端的果柄，另一手用香蕉刀於主桿橫向劃刀，讓香蕉因重力慢慢倒伏，防止重摔～會傷到果實。果實的標準重量，北蕉每串約20～30公斤，芭蕉較輕。

十、市面上的香蕉大都爲北蕉，芭蕉類較少，但品系很多如蜜蕉、南華蕉、粉蕉……等，有大有小，特別是口感各異，愼選自己喜歡的芭蕉品種。

▲ 芭蕉

▲ 北蕉套袋前

▲ 主株（右）結果套袋，留一側支（左）接替

▲ 套袋2～3個月後套袋會鼓起～7分熟的香蕉，準備採收。每串標準約20～30公斤。

第3C節：「蕉情」分析（2017.04.16）

香蕉是大衆化水果，一年四季皆可生產，南部以春夏爲主，中部以秋冬較多，價格方面，秋冬蕉較平穩，春夏蕉波動極大，其主要原因是受颱風影響，其次爲原物料及工資上漲的影響。

以愉園爲例：去年7月有10株結果且套袋待採收，雖用竹桿固定，然頭重腳輕，連三個颱風來襲全數攔腰折斷，附近其他蕉園也都全倒或半倒，一夕之間香蕉價格暴漲，已由論斤到論條賣的高價。愉園倖存的中、小株約20餘株陸續成長，由於全國香蕉產量少而賣得高價如下：

106年1月10日～A級～每公斤120元
106年1月30日～A蕉～每公斤110元
106年2月21日～A級～每公斤100元
106年2月27日～A級～每公斤95元
106年4月10日～A級～每公斤80元
106年4月14日～A級～每公斤78元

由上列賣價可知香蕉價格由1月120元的最高價隨倖存蕉逐量成熟，而緩慢往下調降，特別近月天候轉佳香蕉生長快速，且去年7月風損後補種或搶種的小苗，到今年7、8月將陸續成熟大量上市（生長週期爲一年），預判價格將依序5、6、7、8月逐步調降而回穩至20-30元的價位。

然如颱風再來襲，香蕉價格幅度將隨受損程度再次上漲。將再次驗證：「農民靠天吃飯的無奈」。各位好友的荷包也必須看老天爺的臉色，才能回到正常的水位了。

▲ 香蕉整理後套袋前

▲ 套袋～防蟲害，支架～防斷損

▲送交青果行

第3D節：「香蕉」的兒少保護法（2016.04.08）

近期香蕉的零售價格是十幾年來最貴的，蕉農每天樂呵呵。也造成了搶種潮，香蕉研究所（位在屏東縣九如鄉）培養的組織苗（抗病害較佳）供不應求。市售香蕉苗也由每株10元漲到20元。

愉園重新輪種（原種木瓜）北蕉35株，其中組織苗15株及側芽苗（由原母株側芽切開，較易遭蟲病害）20株。

由於剛種的香蕉苗非常脆弱，要做下列保護措施：

一、組織苗：苗株較小成長慢，爲防雜草及人爲侵害，使用廢報紙剪洞覆蓋。

二、側芽苗：苗株較大根系相對較少，無法提供足夠養分及水分供莖、葉成長。用報紙將主莖包覆。可減少日曬時水分及養分蒸發，植株存活率較高。

各位好友：當您在吃香蕉的時候，一定沒想到：香蕉也有兒少保護法吧？

▲ 組織苗定植完成

第4節：有機「芭樂」的種植要點（2017.09.13）

芭樂是番石榴的別名，原產美洲熱帶地區，台灣於300多年前從大陸引進，現已成爲國內重要的經濟果樹。

芭樂的蟲菌病害很多，愉園僅種紅心及牛奶芭樂各一株，以自吃及分送親友爲主。種植芭樂的幾個要點如下：

一、芭樂全年可產，喜歡25°C～30°C的潮濕高溫。

二、主幹成長到成人腰部高後要剪除，使其再側生7～9支當支幹。

三、成樹可高達7～8公尺，應矮化至3公尺以下，以利修枝及採收。

四、芭樂很容易得介殼蟲、白粉病，要修枝以增加通風及日照，也可用窄域油治癒。

五、開花著果後，等長到乒乓球大小時，要疏果並使用芭樂專用套袋。

六、每2～3個月施有機肥1次，每次成樹約5～6碗（飯碗），中、小樹斟量遞減。

七、如種芭樂以有機自吃不販售，建議種植距離加大（株距超過10公尺以上）、少量種植（2～4株）及採間種（在其他樹木之間），可避免蟲病菌害，並容易種植成功。愉園只種兩株，分別爲白心牛奶芭樂及紅心芭樂，距離30公尺，蟲病害極少，全年產量足夠自吃及送親友。

▲ 蓋報紙保護組織苗

▲ 側芽苗定植完成

▲ 包覆報紙保護側芽苗

▲白心牛奶芭樂2粒重～2斤1兩

▲紅心芭樂鮮嫩可口

第5節：有機「檸檬」的管理及重點（2017.06.26）

檸檬屬芸香科常綠小喬木，原產印度，是世界性酸用柑桔類之一。在寶島台灣全年均產，主要產地在屏東，其次爲台南、高雄及嘉義地區，每年7月～1月盛產，果皮含精油，果肉含豐富的維生素C，是大衆公認的「美容水果」，但檸檬病蟲害很多，傳統習作要用很多的農藥實在不安全。三年多前愉園種了20株檸檬，有機種植的管理重點如下：

一、檸檬最怕線蟲危害，克服的方法是在兩株檸檬間種忌避作物～芳香萬壽菊，驅除線蟲非常有效。

二、檸檬也易受天牛危害，當天牛在根部產卵後孵化的幼蟲，會啃食根部而造成整株枯萎。愉園用眞樟腦丸埋入土中及養雞鴨來解決天牛問題。

三、有關葉面的白粉、介殼及其他蟲害，愉園用窄域油及蘇力菌（均爲有機方式）來防治。

三年多來檸檬順利成長，現已開始量產，並能提供有機安全的檸檬，讓女園主製作各種檸檬加工品，感覺非常高興。

第6節：有機養生植物「諾麗果」介紹（2015.10.23）

近幾年坊間流行保健食品～諾麗果釀製成的NONI酵素。諾麗果爲太平洋夏威夷群島等地區的原生植物，科學家研究諾麗果含有100多種對人體有益的營養成分，包括維生素、微量元素、醣類、氨基酸和多種抗氧化物，果中所含賽珞寧可改善蛋白質結構及活化細胞，幫助人體各機能正常運作及新陳代謝順暢。

愉園僅種有諾麗果一株，約二週可採果乙次。依經驗：非專植的小園區，因產量不夠且專業不足，較不易做成酵素，建議可將果實切開成四片加水熬煮20分鐘，即可當保健飲料食用，由於諾麗果有臭味不討喜，可依個人喜好加些枸杞、紅棗、黃耆及適量冰糖，以增加飲用率。

▲ 採收的有機檸檬

▲ 檸檬開花

▲ 成長待採

▲ 線蟲的忌避作物～芳香萬壽菊（開黃色的花）

▲ 每兩週可採收的量

▲ 諾麗果～種名祖母綠，屬大果種

第二章
夏季水果

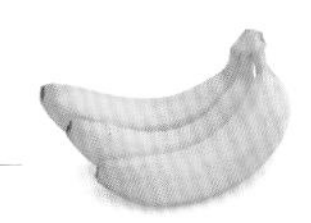

第1節：童年的回憶～清脆香甜的「香果」（2017.05.27）

▲ 香果樹～三年生

童年在台中郊區曾爬樹摘過香果，那種清脆香甜的滋味終生難忘。幾十年後退休上有機蔬果班，同學帶來香果分享，一口咬下感動的眼淚一直在眼眸中打轉。趕緊留下種子育苗、定植，經過兩年多的種植及多次颱風吹斜及扶救，今年總算開花結果可以採收享用了。

浦桃：Syzygium jambos Alston，又名香果、水桃、風鼓，桃金孃科喬木，開花美艷綻放，果實可食用有特殊的玫瑰香味，故稱爲香果，樹高可達8公尺，型態優美也可當景觀行道樹。其種子的皮乾化呈中空狀，可在果腔內隨意滾動，並能搖出聲響，因此又稱響鼓，正如西方人叫Bell fruits一樣。

香果原產中國、印度，台灣中、南及東部有零星種植，由於果實極輕經濟價值不高，沒有果農願意量產出售。

建議有自己農地的好友，可以試種一株這種特殊的水果享用及觀賞。

▲ 浦桃～有特殊香味的香果

▲ 香果果實

第2節：奇特的「神祕果」（2018.01.11）

愉園種了近三年的一株神祕果，今年結了許多果實，總算品嘗了它那奇特又神祕的風味了。

神祕果常綠灌木，英名：Mysterious Fruit，原產西非迦納、喀麥隆等地。成樹可達5～6公尺，樹型優美也可當景觀樹。其果肉中含有神秘果素（Miraculin）～一種能改變口腔味覺的蛋酶，使酸性食物（如檸檬）在口腔內變成甜味，是一種集趣味性、觀賞性、食用性於一身的新奇小型水果。

神祕果由於果實小、種核大、皮薄易失水、不耐久藏，極少進行商業化鮮果生產。除做觀賞及盆栽外，未來經濟種植應朝神祕果酵素及錠劑……等加工產品方向發展，農民才有利潤可言。

▲ 今年剛採收的神祕果

▲ 神祕果樹

第3節：「蘋婆果」介紹（2020.08.04）

種了6年的一株蘋婆樹，今天採收了約3斤的果實。

蘋婆：梧桐科常綠喬木，英名Ping Pong，別名：羅晃子，果實很像眼睛故又叫鳳眼果。原產大陸東南部，台灣應是先民渡海時引進。

國內栽培多在中南部，特別是彰化員林的百果山種植最多。種植很粗放管理很容易，成樹可高達12～15公尺，樹冠枝葉茂密，爲極佳的景觀及行道樹。

種子可食用，富含很多澱粉，可蒸煮、火烤或糖漬，吃起來像板栗鬆軟及微甜的口感～非常美味。

▲ 您在看我嗎？

第4節：介紹一種極特殊的水果～「羅李亮果」（2020.02.02）

愉園種了3年多的2株羅李亮果，今年總算開花結果收成了20幾顆果實。

羅李亮果學名：山刺蕃荔枝，別名：日本釋迦、紅毛榴槤，原產熱帶美洲，由於日本人喜愛羅李亮的特殊香味，但日本本土種植失敗，而在1917年由菲律賓引進台灣大量種植成功。羅李亮果成為日本皇室的御用貢品。羅李亮三個字就是日語的諧音而得名。

羅李亮果生食微香但酸澀～不好入口，如加點糖攪拌再食用，則香味及口感均佳。如夏季加些糖、奶油、鮮乳製成冰棒或冰淇淋，其香味、口感最優。台南有個很有名的觀光休閒農場就有羅李亮冰品。愉園女園主說今年夏天準備試做羅李亮冰棒。

▲ 尚未成熟～呈綠色果莢狀

▲ 豐收！

▲ 蒸（眞）的好吃極了

▲ 採收的羅李亮果

▲ 羅李亮果樹

第5A節：「紅龍果」果大香甜的「田間管理」（2018.09.27）

紅龍果是仙人掌科植物，枝體強健適合粗放，且病蟲菌害極少，是有機入門果樹的最佳選項。

紅龍果如採一般管理，其果重僅約300-400公克（8到11台兩），這種重量只能淪爲賣價極差的地攤貨。愉園今天採收了一批紅龍果碩大甜美無比，近100粒中大部分每粒1台斤以上，最大到1台斤10台兩，經篩選其中有兩箱「特級」，一箱12粒竟重達17台斤7台兩，平均一粒重約1台斤7台兩，已達「愉園出產高級水果禮盒」之願景，可與日本蘋果及韓國水梨並列高級水果競價出售了。

愉園果大香甜的田間管理，其作業如下：

一、紅龍果種植需要攀架，大量商業種植用A式架（成本低，植栽較多），有機少量種植用方型架（日照較充分）較優。

二、選對大果、口感較優的品種。如大紅、甜龍……等。

三、紅龍果是淺根性，定植時苗入土2公分，將土壓緊，並將苗上下固定於支架側。2個月內先不要施肥。

四、紅龍果雖是沙漠耐旱植物，但要用熱帶雨林～多有機質及高溫溼潤的環境去管理。

五、紅龍果每一母株只留一支支條當母支條，等長過支架10公分切除，讓頂端母支條長出子支條。

六、頂端母支條控制長出5～6支子支條，株距及條距保持足夠空間，以利通風及日照。

七、疏果從疏花（苞）開始，每一母株的5～6支子支條只留二朵花苞，著果後只留最優的一果，每粒果實會重達1台斤以上。「以質勝量、取大放小」是小農農務的最佳策略。

八、每年5月開花開始至11月產期結束前施肥加倍，特重有機磷、鉀肥，果實自然甜美。

▲ 紅龍果特寫

▲ 三粒重達三斤九兩

▲ 裝箱出貨

第5B節：喬太守亂點鴛鴦譜～「紅龍果」的「人工授粉」（2016.05.08）

愉園的紅龍果上週開始開花，有些品種因自然授粉著果率低，爲提高授粉及產值，果農夜間全副武裝（防蚊蟲叮咬）點照明燈，每晚當「喬太守亂點鴛鴦譜」～實施人工授粉，其程序如下：

一、認知

1、紅龍果屬「異花授粉」，單株就可結果，並非「異株授粉」～要種兩株以上。

2、紅龍果花直徑30-35公分，內有百個以上雄花蕊成圈狀，但雌花蕊最大只有一個。

二、用毛筆（刷）沾觸一朵雄蕊的花粉，再沾觸入另一朵雌花蕊的柱頭，重複二至三次卽完成人工授粉。

▲ 紅龍果花特寫～細小圍一圈百個以上的是雄花蕊，下方唯一最大的是雌花蕊

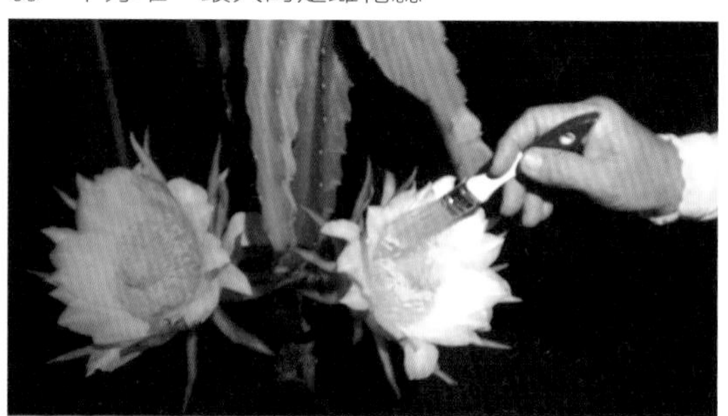
▲ 先沾一朵雄蕊花粉

▲ 再沾另一朵雌花蕊～卽完成人工授粉

因此，果農每年5～11月要爲紅龍果當媒婆、送入洞房、包生、催生、接生、包尿布（套袋防蟲害）、補胎（追肥）及做月子（禮肥）。可以說是一連串非常辛苦的農務工作。

當然有些品種自然授粉著果率佳或農地有蜂群活動，就不必人工授粉了。

各位好友：希望您看完這節文字，爾後在購買及享用甜美的紅龍果時，會有更深層的體會與感恩。

第5C節：「紅龍果」的「成熟過程」（2016.08.24）

紅龍果是鳳山熱帶園藝試驗分所十幾年前，由國外引進輔導果農種植成功的新興水果。近年雖全國種植面積愈來愈大，但內、外銷旺盛及營養價值高，紅龍果價格一直保持平穩價格，有些頂級紅龍果以精緻禮盒販售，竟比進口的日本蘋果、韓國梨價格還高。可以說是農業「產、官、學」共同努力的成果。

紅龍果開花授粉後，果實約30至35天就可由小變大、由綠轉紅而採收。採收的時機看市場及客戶端的遠近及需求，一般在七分至十分熟採收。在下列的圖片中，各位好友可欣賞到紅龍果慢慢成熟的過程。

▲ 紅龍果園

▲ 第一天～開花授粉～努力工作的有機伙伴～蜜蜂

▲ 第二天～著果後花朵萎謝

▲ 第七天～花朵乾枯，可摘除枯花

▲ 第八天套袋

▲ 第15天～果實逐漸長大

▲ 第25天～一分熟：果實微紅

▲ 第27天～三分熟：稍紅

▲ 第29天～五分紅熟

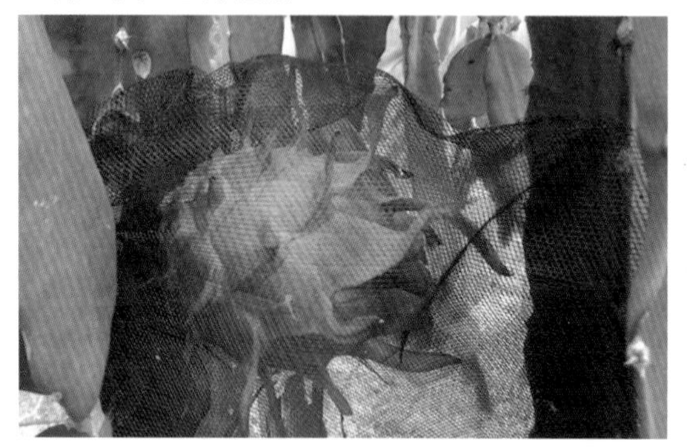
▲ 第31天～七分成熟

▲ 第33天～九分成熟

▲ 第34天～十分成熟

第5D節：「紅龍果」的「修枝作業」（2017.12.21）

紅（火）龍果的產期6月初至11月底左右，如12月、1月還能買到大都是進口或夜間燈照延長產期的。產季結束後隔月就要修剪枝條，其主要目的是確保明年能豐產。其作業如下：

一、甜度、口感不佳或受損（傷）的品種全面伐除，改種較優品種。

二、剪除病弱、徒長及老的子支條。

三、內側日照差的子支條剪除，要確使每一子支條都有充分日照。

四、每一母主枝條保留5～6枝子支條，多的剪除，少的於母主枝條留芽培養。

五、每一母主枝條及子支條上的側芽（枝）都要剪除。

六、在剪下的子支條中，選擇品種優良、粗壯健康及生長（開花）點足夠的，並裁成約50公分留做種苗。

▲ 修枝前

▲ 修枝後

▲ 選優留種苗

第5E節：「紅龍果」的「園區出貨作業」（2016.08.30）

今晨趁雨停空檔採收紅龍果，共約120台斤，篩選成10箱出貨。由於疏果及施肥至當，果實大粒的有1台斤多，一般都每粒13台兩以上。園區出貨作業如下：

一、篩選～汰除外觀、色澤不佳、果粒太小的紅龍果。

二、清潔～以毛刷、布巾清潔外皮灰塵等雜質。

三、稱重～主要是分級：

「優級」：平均每粒13～16台兩。

「特級」：平均每粒16台兩（含）以上。

四、裝箱～依客戶需求按級裝箱：「特級」一般用8至10粒高級精緻禮盒裝箱，「特級」及「優級」也可用單層精美中箱裝箱。

五、外箱左上角貼上有機認證標籤。

六、裝箱後置陰涼處就可出貨了。

▲ 孫女小瑀～愉園的紅龍果推廣大使

▲ 篩選作業

▲ 裝箱出貨

第5F節：紅龍果及花苞的「營養價值及食用建議」（2016.05.22）

一、每年6月至11月是紅龍果的產季，紅龍果含有極高的營養價值如下：

1、含較高的花青素，可抗氧化。

2、含較多的植物蛋白，會將體內重金屬排出體外。

3、含豐富維生素C，具美白效果。

4、含膳食纖維，可降膽固醇、減肥及潤腸。

5、含鐵豐富，女性朋友可補每月流失的維生素K質。

6、內含芝麻狀小顆粒，可促進腸道消化，防便祕。

二、建議紅龍果的新吃法：紅龍果一般大家習慣的吃法是：像西瓜一樣切成片狀或將皮剝開肉切成丁塊狀來吃，都沒有將皮肉之間的部分（含很多的花青素）吃到，眞的很可惜。

也有人將剝開的皮清理洗淨後再利用～打成汁或切成絲涼拌食用。雖可吃到完整的花青素，但費工、甜度不佳且有衛生的疑慮。

建議將火龍果冷藏後切半，用湯匙挖來吃，吃完中心的果肉，再挖皮肉之間的部分來吃，非常健康，也珍惜了食物，非常值得推廣。

三、紅龍果花（苞）的營養價值：

爲提高產值，果農會實施疏果（含疏花、苞）作業，而疏下的花（苞）含極高的營養價值如下：

1、具有膠質及黏性，它對累積在人體內的重金屬有解（排）毒的效果，對胃壁也有保護作用。

2、含有極高的蛋白質、胺基酸及膳食纖維。

3、含有多種維生素和礦物元素。

四、紅龍果花（苞）食用法：

1、紅龍果花（苞）炒肉絲或蛋：洗淨切絲與肉絲或蛋打勻翻炒，再加鹽及調味料。

2、冰糖清燉紅龍果花（苞）：像用曇花一樣，先將紅龍果花（苞）洗淨，切掉蒂頭再切成適當大小，加冰糖與水放電鍋燉煮即可。坊間傳說：對治咳嗽有療效。

3、紅龍果花（苞）煮蛋花湯：蛋打勻備用，紅龍果花（苞）切適當大小，鍋水煮開後先加紅龍果花，再加打勻的蛋及鹽、調味料即可。

▲ 紅龍果剖對半用湯匙挖肉食用

▲ 開花前後一天的花都可食用

▲ 摘下的紅龍果花

第6節：適合有機栽種的「百香果」～滿天星品種（2017.01.05）

百香果原產巴西亞馬遜森林，因含有鳳梨、石榴、草莓、香蕉、檸檬……等一百多種水果的味道而得名。很多人很喜歡其甜中微酸、入口卽化的口感。台灣引進已有百年以上的歷史，目前種植面積以中部埔里最多。

1975年農業研究單位選育優良雜交品種，而建立了百香果的產銷系統，果農受惠極大，然多年後外來果實蠅猖狂，果害嚴重，不利有機栽植，後又培育滿天星厚皮種，風味極佳，果實蠅可叮咬到外皮，但無法叮進果肉內產卵，極適合有機栽種。當然如有工時，最好還是用果實蠅誘捕器及套袋，果實外觀較亮麗。

愉園在東面圍籬及南面棚架種了數株，每年夏季採收，7月產量最高。耐高溫極易種植，採收後以生食爲主，也可製成果醬、果汁、冰淇淋及甜食等。

採果及選購要領：果實外觀要顏色鮮艷、光亮有香味，手握時有豐滿具重量感者最優。

▲ 百香果特寫

▲ 滿天星品種百香果

▲ 皮厚～微酸甜，果香濃郁

第7A節：今年採收的「黑葉荔枝」（2020.06.03）

世界荔枝品種有百餘種，台灣有20餘種，主要爲玉荷苞、黑葉、糯米糍及桂味等4種，其中以玉荷苞佔大宗。

大兒子獨鍾於黑葉荔甜中帶酸的口感，愉園特別種了一株，今年是第二次（每年一次）採收，僅收4把約3台斤重。

由於荔枝的甜度很高，很容易遭蟲害，有機種植非常困難。愉園採疏果、套袋及施有機肥管理，均無蟲害品質極佳，唯產量較低。自己人吃～還是有機較安全。

▲ 採收的黑葉荔枝

▲ 裝袋冷凍備用

第7B節：今年要吃「玉荷包」，大家要傷荷包了（2016.06.01）

愉園附近有三家果園專種玉荷苞，去年五月採收都結實累累，今年開花授粉時遭寒流及豪雨兩次來襲，造成今年結果率極低，據聞南台灣玉荷苞主要產地大樹、高樹今年的產量約只有往年的二成左右，果農血本無歸，正申請政府補助中。

往年5月玉荷苞初產時每台斤100元，二週後量產三台斤100元，果農消費者皆大歡喜，今年供需失衡物以稀爲貴，每台斤一直維持100元以上，有些地方賣到2、300元，苦了果農也瘦了消費者。對這種現象高雄藍田教會的張牧師說得最貼切：「今年要吃玉荷苞，大家要傷荷包了。」

▲ 愉園附近～專業荔枝園結果情形～慘不忍睹

第8節：採收大果種～95至尊酪梨（2016.07.27）

種兩年多的酪梨總算開花結果收成了，品種爲大果種～95至尊～爲酪梨中的帝王，每粒竟重達1.5台斤，女主人去皮切塊沾醬吃～味道鮮滑，營養美味。

酪梨

英名：Persea. americana

別名：鱷梨Avdado、牛油果、樟果

科屬：樟科鱷梨屬

原產地：熱帶美洲及佛羅里達州

台灣於100年前自美引進，主要產地在嘉南地區，台南地區生產最多。爲常綠喬木可達20公尺，樹冠青鬱，也屬優良景觀樹及果樹。酪梨喜潮濕高溫環境，澆水及施肥適中，爲便於管理及採果應矮化保持3公尺高，著果後應疏果及套袋。

營養及功效：酪梨不含膽固醇及鈉，飽和脂肪含量低，營養密度很高，故又稱爲「幸福果」，被金氏世界記錄認定爲最營養的水果。可預防心血管疾病、有利減重、減緩老化及某些癌症。

食用方法：除涼拌沾醬外，另可當開胃菜、三明治、壽司、沙拉、做湯食用或加入牛奶蜂蜜打成果汁喝。

▲ 種滿兩年的酪梨樹

▲ 套袋防蟲菌害

▲ 變軟及有點褐色即可採收

▲ 涼拌加沾醬～營養美味

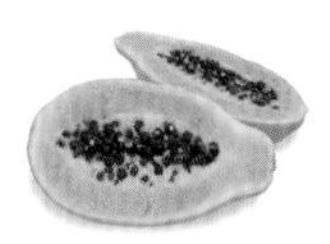

第三章

春、秋、冬季水果

第1節：「桑椹」的種植管理、營養價值及食用法（2021.07.07）

女園主喜歡自製桑椹果醬及酒，愉園特別種了幾株大果桑及長果桑。

桑椹有2000多年的種植史，主要是採葉養蠶製絲綢，300多年前引進台灣種植，30多年前由農改單位篩選優良食用品種～有：大果桑、紅果2號、桑甜1號、長果桑……等品種推廣。

桑椹喜高溫及壤土（或砂壤土），繁殖可用扦插法，量產型～定植株、行距4及5公尺，少量自用型～3及4公尺，成樹可高達3～5公尺，管理粗放且存活率高，每年3～4月採果，收成後要修枝矮化，以利來年結果。

桑椹含有花青素、維他命A、C、礦物質鐵、磷、鉀、鈉及胡蘿蔔素等，具有活血通絡、明目利尿、抗氧化及降低腫瘤風險的功效。

桑椹葉可熬煮當保健飲品，桑椹果可生食，特別是長果桑，甜度極高常被鳥啄食，因此，成熟期要罩網或比鳥早起搶收。大部分的人喜歡將桑椹果自製成果醬、果酒、蜜餞或打果汁食用。

▲ 桑椹樹

▲ 桑椹果醬

第2節：種植熱帶「桃、梨、梅、蘋果及杏花、櫻花」的經驗談（2016.02.27）

愉園位處夏季高溫的屏東高樹鄉，標高僅約140公尺。基於好奇心近三年前種了號稱改良的熱帶水蜜桃、梨、梅、蘋果及杏花、櫻花，這些樹苗是用適合平地的砧木嫁接高冷的穗木而成（如熱帶梨是用低海拔木梨根莖接高山梨嫩枝）。

愉園去年都開花（梨還結果），今年僅有熱帶梨開花（4～5月）及結果（兩粒）、梅開花（1～2月）未結果，而熱帶桃（1～2月）、蘋果（9～11月）、杏花及吉野櫻（3～4月）均未開花。雖經改良，但「適地適種」～各類植物還是要在其適合的環境溫度生長較宜。

冬季持別是舊曆年前，各花藝店都會推出許多桃、梅、梨及櫻花苗（大都於中海拔或北部培苗後往平地運售），往往叫人心動而行動。各位好友：如您住中、北部成功機率稍高，如住南部建議您不要見獵心喜，以愉園的經驗：種下後開花及結果一年不如一年，成功機率較低，特別是地球暖化的影響更不易成功。要欣賞及品嘗高山花、果，還是開車上山旅遊及到市場購買即可。

▲ 開花的熱帶梨

▲ 開花的熱帶梅

第3節：霜降種「草莓」（2020.10.23）

今天是秋天的最後一個節氣～霜降，也是南部種植草莓的好時機。

孫女小瑀極喜愛吃草莓，今天特別種了5品種共40株紅、白色的草莓，並準備走莖繁殖共成96株，期盼年底再看到她吃草莓時～滿足且高興的樣子。

建議草莓種植的重點如下：

一、要選優良品種。

二、草莓專用培養土（6）：原土（4）混合備用。

三、苗定植時加上述混合土壤並稍微壓實。

四、種於網室及離地（架高）盆植（4～6吋盆），要通風良好及日照充分。

五、防、抗各種病害。

六、適量澆水，保持土壤濕潤即可。遇大雨要能儘速排水。

七、正確肥料管理，用有機肥少量多餐每10天施肥一次，6吋盆全期（約3～4個月）共使用2～4公斤肥料。

八、於主苗鄰近置已混有培養土及原土的空盆，以利主苗走莖擴植。

九、家有頂樓或陽台，只要半日照以上也可試種喔！

▲ 定植完成

▲ 草莓結果中

▲ 孫女小瑀的最愛

第4節：有機「金棗」的種植及食用法（2019.03.31）

種了2年的金棗，今年結果收成了。先吃神祕果再吃金棗，使原來酸甜的金棗完全變甜了，讓人很訝異。

金棗又名長果金柑，原產大陸，100多年前引進台灣，宜蘭專業量產，其餘各地零星栽種。

金棗適合溫暖18～25℃及砂壤土種植，株高可達3公尺，每年11～2月盛產。大量種植以中、北部較宜，南部喜歡金棗的有機農友可少量試種自吃。

金棗果肉生食～酸中帶甘甜很有味道，主要還是製作果醬、果酒及蜜餞（桔餅）食用。

▲ 金棗樹

▲ 金棗果實

第柒篇 新興果樹

第一章

需精緻加工的果樹

第1A節：「咖啡樹」的種植管理及經營考量（2016.03.25）

愉園種有約30株阿拉比卡品種的咖啡樹，主要爲自己喝及招待好友。

咖啡爲茜草科常綠灌木，原產東非洲一帶，南北緯25度以內的地區都可成長，爲目前全世界最重要的飲品，國內於140年前由歐洲人引進，目前主要產地在雲林古坑及南部部分原住民部落附近山區。

咖啡有很多品種，目前主要是阿拉比卡品種，繁殖可用扦插及播種法，中部以南都適合種植，定植株距2～3公尺，喜歡半日照18°C～26°C溫暖氣候，管理難度不高，株高可達3～4公尺，應於收果後修枝及矮化到2公尺，以利採收。咖啡結果期會受果小蠹危害，造成果實品質不佳，應用誘殺處理（詳見第貳篇第三章第3節）。

您一定喝過咖啡見過烘焙後的咖啡豆，很少人看過咖啡樹及長在樹上的咖啡果，絕大部分的人更是沒看過咖啡樹開花的樣子。咖啡樹每年4～5月開花，花期很短大約只有5至7天左右，非常難得可貴，每年8～11月採果期，果實要鮮紅成紅寶石狀採收最佳。

由於咖啡的種植、採收、篩選、去殼皮到烘焙成熟咖啡豆，過程非常繁瑣極需大量人工，國內工資比國外咖啡生產地貴很多，國內咖啡店大都進口便宜咖啡生豆烘焙。

建議有意生產國內土本咖啡的農友，要向有機種植、精緻加工及自創品牌等方向考量，國內目前成功的有：古坑、德文、泰武……等品牌，走精緻高端路線，才能與進口廉價咖啡區隔，並擁有國產咖啡的生存空間。

▲ 篩選的咖啡果豆

▲ 去肉皮後日曬的咖啡豆

▲ 去殼後的生咖啡豆（待烘焙），儲存較久

▲ 正盛開的咖啡花

▲ 很美吧

第1B節：自產「有機咖啡～水洗豆」的製作過程（2017.01.14）

愉園的咖啡樹，去年4月開花著果，可惜7、8月強颱受損嚴重，到11月僅約6株可採收。採收後愉園採水洗法製作（另一種較繁複叫日曬法，爾後再試作），其程序如下：

一、每年11、12月咖啡豆呈紅寶石顏色時即可採收，本次採收生豆約12公斤。

二、將生豆用水浸泡篩選，上浮、受損、畸型、微綠等品質不佳均汰除，剩約8公斤。

三、用手工（量少）或機械（量多）去果皮果肉，剩果核約4公斤。

四、果核再泡水二天（每天換乙次水），上浮的果核再汰除，約剩3公斤。

五、將果核在大太陽下再曬5到7天，保持含水量11%以下後密封裝罐備用（可保存二年）。

六、用果汁機（量少、間歇）或去殼機（量多）去果核外殼及膜（又叫去銀），剩光滑的果仁約2公斤。

七、再用人工篩選汰除蟲蛀、發霉、變形、異色……等不良果仁，剩約1公斤。

八、視個人口味及需求用烤爐（量少）或烘焙機（量多）烘成深焙、中焙或淺焙咖啡熟豆即完成，最後咖啡成品僅剩約2磅。淘汰率高達92%。

本次經高樹～「靜星台灣咖啡」阮園主夫婦的指導及提供機具～完成最後的烘焙程序，再加上專家的評鑑：「愉園的有機咖啡～喝完非常回甘，甜蜜度很夠。」更覺得很有成就感，希望來年更好。

▲ 女園主～首次品嘗自產咖啡的歷史鏡頭

▲ 國寶老爸～負責採收中

▲ 泡水篩選

▲ 人工去果皮

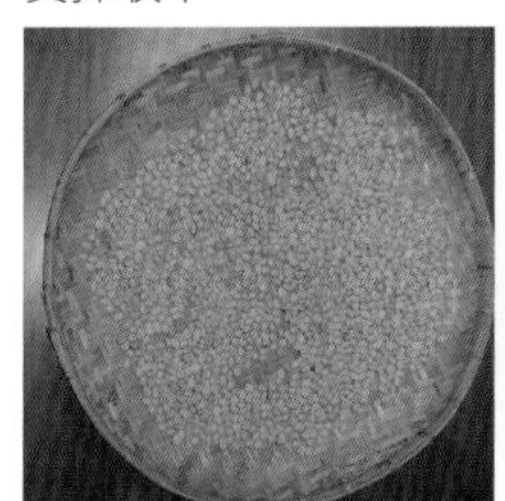
▲ 曬咖啡豆

▲ 去殼機作業～靜星台灣咖啡協助

▲ 烘焙中～靜星咖啡園指導

▲ 愉園自產（靜星指導）有機咖啡～水洗豆

第1C節：自產「有機咖啡～日曬豆」的製作過程（2018.01.17）

愉園去年成功自產水洗豆咖啡，今年挑戰日曬豆咖啡，其製程如下：

一、去年10月開始分批採收呈紅寶石狀的成熟生豆約20公斤。

二、將生豆先用水浸泡篩選，將上浮、受損、色澤不佳的汰除，剩約14公斤。

三、將生豆盛網架日曬約3～4週，使咖啡豆皮肉香氣慢慢滲入果核中，並使水分含量降至11%以下。

四、用去皮機去除乾縮的果皮、肉及果核外皮（又稱銀皮），剩果仁約4公斤。

五、再用人工篩選，汰除蟲蛀、發霉、變形等不良果仁，剩約2公斤。

六、依個人喜好，用烘焙機將果仁烘成深焙、中焙或淺焙咖啡熟豆即完成，最後剩約3磅的日曬豆咖啡。淘汰率高達93%。

愉園日曬豆經試喝比水洗豆有更多香醇回甘的果香味，愉園今年挑戰日曬咖啡豆順利成功。

再次感謝高樹好友「靜星咖啡園」的指導及協助（去皮〔殼〕及烘焙）。特別推薦：靜星咖啡是南部低海拔咖啡界極富盛名的品牌，由於咖啡因含量較高海拔為低，高齡朋友喝了不易心悸，多年來有固定的客戶群，有需要的朋友可與「高樹靜星咖啡」連繫。

▲ 咖啡豆待採

▲ 咖啡生豆日曬中

▲ 去皮、肉、殼（靜星協助）

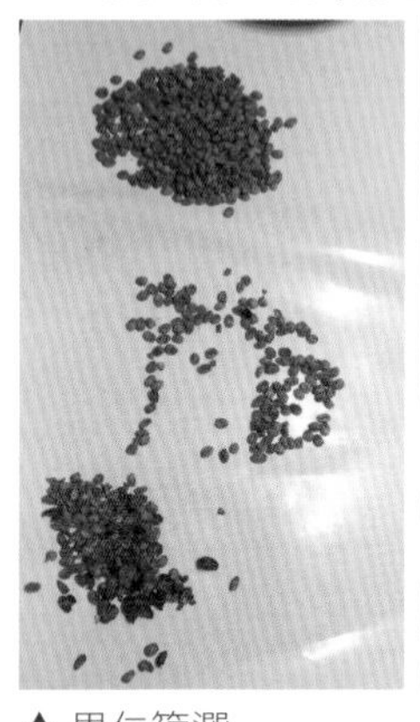

▲ 果仁篩選

▲ 烘焙中（靜星協助）

▲ 愉園自產有機咖啡～日曬豆

第1D節：影響「咖啡品質」高低的三大因素（2019.01.25）

昨天在高樹靜星咖啡園主～阮老師夫婦的指導下，先烘了2磅的咖啡，今年採中焙～最高204度C、費時14分15秒，經試喝甜度1.7%，香醇濃郁且回甘，久散不去。

由這幾年的經驗，歸納影響咖啡品質有三大因素如下：

一、種植區的高度、氣候及管理的良窳。

二、採收後生豆篩選的嚴謹度及發酵處理。

三、烘焙的裝備、技巧、知識與經驗。

▲烘焙出爐

▲自產咖啡

第2節：從「可可樹」到巧克力（2018.01.05）

好友計劃退休後種植可可樹，特在愉園試種兩株，種了兩年多現已開花結果。

可可樹，英名Cocoa Tree，梧桐科可可樹屬，原產南美，現已普遍生長（集中）在南北緯20度之間，樹高可達15公尺，花果生於枝幹上，每年成熟兩次，主要產期在10～12月，爲製巧克力的主要原料。目前在台灣有少量種植，在屏東縣有人成功經營觀光教學可可果園（墾丁）及自產自製巧克力園區。

然可可樹成熟採收，經曝曬、發酵及提煉，約20公斤生豆只能製出1公斤的巧克力，其中的製程有如咖啡一樣，有不同的程序及相同的繁複辛苦。

經初步考量：如可可農只走前端～種植可可生豆出售，每株年產值（以公斤計價）僅約4、500元，要加後端～製作巧克力行銷（以公克計價）或觀光教學可可園，才能有利潤可言。有意從事可可種植的農友應慎重評估。

▲綠皮可可樹

▲紅皮可可樹

第二章
已完全馴化的熱帶果樹

第1節：介紹一種名字非常特殊的果樹～「牛奶星蘋果」（2019.03.21）

▲ 第一批採收

▲ 橫切～星星狀且有牛奶色汁液

愉園5年前種了一株牛奶星蘋果，今年開始量產，結數十粒的果實，吃起來細嫩香甜且有牛奶汁，很持別，聽親友說北部零售價高到每台斤3～5百元，能吃到自己種的牛奶星蘋果只能說：幸福啦！

牛奶星蘋果英名：Star-apple，山欖科金葉樹屬的常綠熱帶喬木，高度可達30公尺，需修枝矮化3公尺以下以利採收。

定植株行距4.5x5公尺，屬熱帶植物，管理粗放排水要良好。每年結果兩次，屏東愉園3～4月及9～10月。因其外觀像蘋果，果肉汁液似牛奶，果實橫切有星星狀，所以叫牛奶星蘋果，但其風味口感卻完全異於蘋果，眞的是很特殊的水果。

▲ 眞的很像蘋果

第2A節：「黃金果」的種植要點、防劣化及防颱風措施（2019.07.03）

黃金果原產巴西亞馬遜森林，是近幾年由鳳山熱帶園藝研究分所引進推廣的新興水果，黃金果全年2～3收，剖開後果肉乳白色呈半透明膠質狀，富植物性膠原蛋白，爲極適合男女養顏美容的水果。吃起來QQ滑滑的，甜而芳香很像果凍，膠質多到吃完嘴巴還一點黏黏的，味道綜合了釋迦、甜柿、芒果和蜂蜜等多種滋味。黃金果具有稀少、高貴、嬌嫩的特性，故有「果中格格」之稱。

一、種植要點

1、愼選中、大型、不易劣（褐）化，且口感優的品種。嫁接苗要比實生苗早1～2年結果，且較無變異性。

2、定植株行距6x7公尺最佳。

3、定植後2個月內不要施肥，爾後依植株大小，年施肥0.5～8公斤，最好用有機固態肥，也可輪用有機液態肥。

4、每週澆水2次每次15公升保持土壤濕潤，雨季要注意排水。

5、黃金果病蟲害不多，防雨季的眞菌感染，傳統習作用亞托敏……等農藥處理，有機種植於雨季前用亞磷酸（配氫氧化鉀）建立防禦系統。

6、每年二次開花前要多施鈣、鎂肥，並禁水催花。收果後要適量修剪枝條。

二、黃金果在台灣6至8月的豪雨、炙熱交替，且有颱風侵襲期間，夏季果會有劣（褐）化問題（其他季節不易產生）。

防劣（褐）化措施：

1、開花著果至乒乓球大小卽套袋，防止碰撞。

2、烈日時果實加強防曬作業。

3、春冬季果九分熟才採，夏季果六分熟就要採，以防劣（褐）化。

4、摘果時輕柔接觸，防掉落及壓傷而損壞。

5、颱風及雨季防患積水，盡速排放。

6、如整株樹收成時都有劣化情形，則停止套袋及摘果，並大修枝條，以利冬春季果收成。或嫁接不易劣化的品種，當然砍除重種好品種，也是一種選項。

三、防颱措施

1、定植後豎立3公尺長，固定入土60～80公分（先油防鏽及面漆），當主支柱。

2、約3年後於主幹四週，用垂直（入土約30～40公分）及橫向各四支（6分或8分鉶管）做橫向側支柱。也可用來固定側支條。

3、收果後修剪枝條，保持2.5～3公尺高度，以減少受風面。

第2B節：「黃金果」冬季果與夏季果的區別（2019.01.24）

今天採收了一批黃金果，果大香甜且含大量植物性膠原蛋白，食用後齒頰留香，女園主讚不絕口：幸福啦！

黃金果（屏東愉園）產季一年有兩期，其區別如下：

一、產期：冬季果1～2月，而夏季果爲6～7月。秋季有少量結果。

二、冬季果產量較夏季果少，然果粒較大。

三、夏季氣候較不穩定，果實較易劣（褐）化而不能食用。冬季果較無劣（褐）化現象。

四、冬季果避開夏季大量水果豐產期，且接近舊曆年關，售價較高。

五、黃金果的產期調整、優良品種培育及防劣（褐）化，爲未來果農及農改單位努力的方向。

▲ 黃金果裝箱

▲ 無劣化的正常黃金果肉

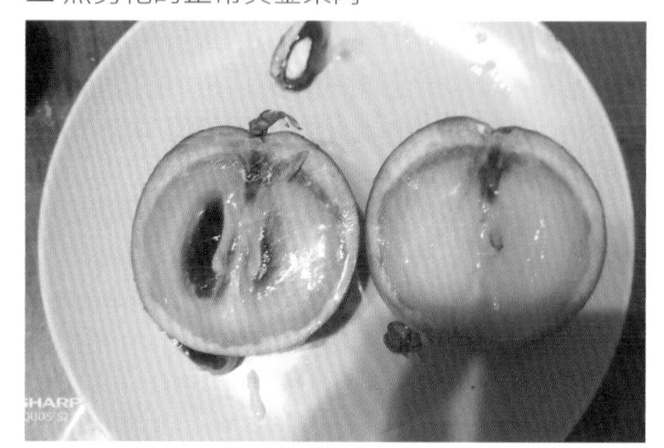

▲ 劣(褐)化不能食用的黃金果

▲ 3粒重2斤8兩～每粒平均13.3兩～屬中大型果

▲ 果肉呈乳白色～果核少及小，相對果肉較多

第2C節：「黃金果」種植的經驗教訓（2018.08.20）

黃金果是近十年繼紅龍果之後，才推廣的新興果樹，當時果農資訊不足僅按大、中、小果分類，愉園近5年前就定植上述三種黃金果共27株，辛苦照顧5年開始盛產豐收，小果種甜度佳，然果小重量輕不具生產優勢，中果種最優，果肉香甜、重量適中，且賣相佳，深獲客戶好評，最可惜的是大果種，每粒重達1台斤以上，唯甜度、口感均差，且易劣（褐）化，只能餵雞鴨，根本無法出貨，辛苦了5年卻要淘汰大、小果種18株（僅續留中果9株），這也是愉園從事農牧以來，得到的最大教訓，眞是「大而不當　小而非美」。

近年來在「產、官、學」的共同努力下，引進及改良成大、中果品種，果農依甜度、口感、色澤、大小分類成冬蜜、久大、金品、金大王、蜜香、佳蜜、國華一號、熊讚、雪蜜、白金、黃蜜、金牌、大金莎……等10多種品種，而且大都不易劣（褐）化，愉園準備選優良品種重新種植或主桿鋸斷再嫁接，期待3～5年後，愉園能種出最優質的黃金果。

各位同好：種果樹前一定要愼選品系，最好能試吃其果實確認品質後再種，特別是生長期較長且要大量種植獲利的果樹。

▲ 大果種結果很多～每株超過百粒，每粒約1台斤重

▲ 小果種～重量輕，賣價不高

第2D節：「黃金果」的篩選作業及銷售注意事項（2019.04.08）

五年來逐漸掌握了黃金果有機栽培的要點。今天採了約45台斤的黃金果，篩選成三箱每粒平均15.1台兩～屬「特A+級」（14～16台兩／每粒）高級禮盒等級，可與送禮用進口高級韓國梨及日本蘋果一較高下了。

一、篩選作業如下

1、黃金果很嬌貴脆弱，篩選時要置於軟厚的棉被上，工作人員全程帶禮兵用手套。
2、解開套袋後檢視有裂口、曬傷、蟲害、有凹痕的、太小的先汰除。
3、用棉質軟毛巾擦除果實外皮上的雜質及水滴。
4、按果實大中小排列及裝箱。
5、要使用硬殼紙箱，箱底舖約2～3公分厚碎紙及加一張防碰損海棉軟墊。
6、每顆果實用水果泡沫網套套袋，並緊靠排列，上面再放上海棉質水果軟墊，防止運輸時幌動受損。
7、貼上有機標籤，寫上品名及相關資料，就可送貨了。

二、黃金果保鮮期短，室溫4～5天，冷藏6～7天，夏季果又有劣（褐）化問題。銷售注意事項如下：

1、先告知消費者黃金果有保鮮期短限制及夏季果劣（褐）化的問題，如可接受再出貨。
2、當天清晨或上午採果，中午出貨宅配，隔天下午前要宅配（或面交）收到～時程愈短愈好。
3、宅配要用冷藏，並告知消費者收到後要冷藏，並儘速食用。冷藏也可去除大部分果肉之間的黏膠感。
4、食用時如有劣化或損壞，愉園會請客戶拍照告知及免費補送（請參用）。
5、如有時間可轉知客戶，從冰箱拿出切半，加點檸檬汁口感極佳，也可防止快速氧化。或做成黃金果冰淇淋，非常好吃。

有機農牧耕作時很辛苦，收成時很高興，而出貨（宅配、面交）時，雖賺不了什麼大錢（成本高、產量少），但看到客戶滿意的笑容及正面的回應，卻很有成就感。

▲整理篩選中

▲ 特A+級黃金果禮盒

▲ 宅配出貨

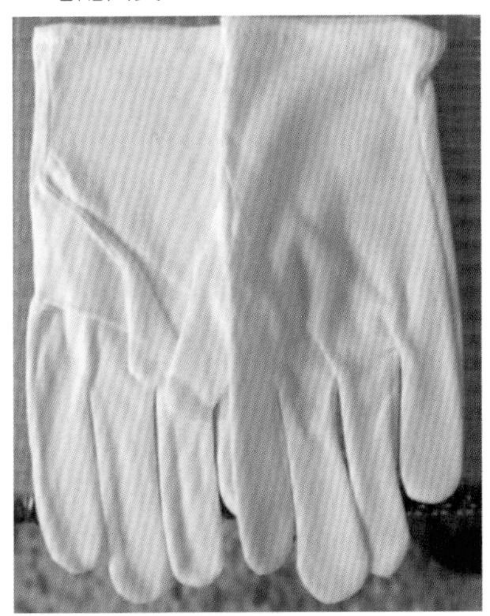
▲ 禮兵用手套

第3節：第一次採收榴槤蜜的果實（2022.07.05）

種了5年多的1株榴槤蜜，今年結果10餘粒，今天第一次採收2粒。

榴槤、菠羅蜜及榴槤蜜雖同爲熱帶幹生果樹，但很多人還是分不清楚，其實榴槤是錦葵科榴槤屬果樹，有果王之稱產值極高。而榴槤蜜與菠蘿蜜同屬桑科果樹，菠羅蜜是桂木屬，產值低，榴槤蜜是木鳳梨屬，產值略高於菠羅蜜，後兩者果形、外皮及植株等特性均極相似，但是榴槤蜜果實較小，皮較薄，又名小菠蘿蜜，吃起來帶有榴槤般的氣味，因此才被稱爲榴槤蜜，跟榴槤是完全不同科屬的果樹。

榴槤蜜成熟後外皮很軟，剖開後其膠質黏液比菠羅蜜要少且很好處理，裝袋冷凍後生食極佳，種籽可蒐集後燉煮排骨湯。

第4A節：熱帶果樹「紅毛丹」在國內種植的前景（2021.07.11）

紅毛丹是10幾年前由鳳山熱帶園藝試驗分所推廣的熱帶水果，由於受地球暖化的影響往年盛產的荔枝，有逐年減（停）產的現象（荔枝冬季要有連續10幾天氣溫低於16度C才能刺激開花結果），而紅毛丹已適應國內的氣候，每年開花結果2次。目前紅毛丹國內產量少，且因東南亞產區木瓜果實蠅等蟲病害停止進口多年，國內供不應求～國產紅毛丹價格居高不下，市售每台斤高達2～300元，而能像愉園一樣有機生產的紅毛丹更是珍貴稀少。

紅毛丹與荔枝口感很像，荔枝甜分較高，紅毛丹甜中微酸～有特殊的風味，可接續荔枝（荔枝產期5～6月）的產期。因此，紅毛丹在國內種植有極佳的發展潛力。

愉園的紅毛丹推廣大使，是2歲7個月大的可愛孫女小瑀～看她吃得多高興，大人的心都被融化了。

▲ 愉園的紅毛丹推廣大使～可愛孫女小瑀

▲ 著果中的紅毛丹

▲ 成熟的紅毛丹

PDF 拍賣交易資料查詢 流量計數：3048

月 10 日至 月 10 日(以一個 | 排序別 供應人 | 選別 已選取

銷單位 | 資料類別 場內 | 傳票別

代號 | 等級 | 傳票編號

果菜類別

單價(訖) | 調整資料查詢

查詢時間：2021-08-10 05:53:45 ※本統計資料未包含調整價

品名	規格	等級	件數	淨重	單價	選別	傳票編號	傳票別	承銷人
91	R	1	2	20	330		89100117	1	****
91	R	1	1	10	330		89100118	1	****
價[不含報			3	30	330				
[不含報廢]			3	30	330				
平均價			0	0	0				

Page: 1 目前一共有 1 頁 2 筆 快速跳至:

▲ 近期紅毛丹拍賣價～每公斤330元

第4B節：「紅毛丹」的種植管理及銷售注意事項（2020.11.18）

愉園近四年來陸續種了15株4個品種的紅毛丹，去年2株初產自吃，今年共有6株可生產，應可達販售的產量了。

紅毛丹是熱帶南洋重要果樹，屬無患子科常綠喬木，原產馬來西亞。近10年來由於南洋紅毛丹產地有木瓜果實蠅危害而禁止進口，有些喜愛紅毛丹的果農排除萬難，在國內引進種植成功且有少量生產。

選種紅毛丹，應選果實碩大、甜中微酸、風味道地、完全離核及離膜率高的品種，較受消費者喜愛。目前國內培育的優良品種有：R（R是紅毛丹英文Rambutan的代字）-167、R-170、R-190、R-191、保亭7號、黃毛丹及綠毛丹。

紅毛丹繁殖有高壓法及靠接法。性喜25～32度C的高溫，冬季懼寒害，幼苗要做防寒措施，適合種植於中部雲嘉（含）以南地區。

紅毛丹成樹可達10～12公尺，定植株行距6X7公尺，需修枝矮化成3公尺，以防颱風及利於採收。

紅毛丹管理像荔枝一樣粗放～人力節省、蟲菌病害極少，管理成本低，極適合有機果農種植。

紅毛丹的產期～據屏東愉園觀察～第一次夏季果：7～8月收果（4～5月開花），第二次冬季果：11～12月收果（8～9月開花），夏季果產量較高。每次採收期一個月以上較荔枝長。

銷售注意事項：

一、用毛刷（或新牙刷）、乾布及小剪刀，清除果實外皮的塵土、雜質及小枝葉。當然用空氣壓縮機噴氣清潔也是極佳的方法。

二、去除較大（重）的果支條，以免讓客戶覺得重量灌水，如全不留支條變裸果，又有被懷疑是掉在地上的落果，因此最好是果實上留點小、短（輕）約5～10公分的果柄。

三、按果實大小、色澤、成熟度篩選分級成2～3個等級，裝箱（盒）出售。

四、紅毛丹保鮮期短～室溫約5天，裝箱時應舖上一層紙張噴些水霧，並用冷藏宅配以延長保鮮期～約可多2天。

▲ 在樹上成熟的紅毛丹

▲ 篩選前

▲ 裝箱噴水霧後冷藏出貨

第三章
產值高的熱帶果樹

第1A節：國內種植「榴槤」的利基及願景（2021.05.05）

愉園在5年前陸續種了17株的榴槤，品種有：金枕頭、黑刺、貓山王、干堯及紅仕。這株貓山王榴槤（靠接苗）定植剛滿3年就開花了，花朵幹生成束欉狀非常特別及美麗。

目前在台灣榴槤樹開花結果的不到300株，而且尚未能量產供應市場（去年開始屏東的「榴槤魏農場」只能少量出貨且秒殺販售～今年售價每台斤高達549元），絕大部分都是國外進口，但受海運期程及驗關排序等影響，南洋產地在6～7分熟就要摘下運輸後熟，國內消費者無法品嘗全熟的完全美味，而國產榴槤可在熟度最好（在欉黃）時摘下，其風味及口感將比進口的更佳。因此，在國內種植榴槤仍有其高品質及高價位的利基。觀光果園也可邀約榴槤愛好者揪團進園參觀及品嘗現採的榴槤。

榴槤成熟時有特殊的臭味，但吃到嘴裡卻香甜濃郁，口感細膩，味道極佳，有果王之稱（果后是山竹）。目前馬來西亞農業部將榴槤（Durian）分類爲200個品系，國人常吃的金枕頭僅排D159（入門級吃貨），而貓山王則是D197（高檔級珍品），我曾吃過國產的貓山王鮮果～口感綿密、鬆軟回甘、果香濃郁，堪稱榴槤界的法拉利，是目前馬國外銷（主要是大陸市場）的主力。

建議喜愛品食榴槤且有園地的好友，可考量試種榴槤自吃或販售。

▲ 愉園的貓山王榴槤開花

▲ 國產榴槤

第1B節：熱帶果王～「榴槤」的種植與管理（2019.07.14）

榴槤木棉科榴槤屬常綠大喬木。是極有名的熱帶果樹，喜愛高溫（25～32度C）及潮濕的環境，台灣南部南、高、屏地區較適合栽種。近幾年國內喜愛榴槤的果農，透過育苗、嫁接、靠接及芽皮接，已能成功育出貓山王、黑刺……等品種的幼苗出售，唯物以稀爲貴售價不斐。

榴槤生長期非常長，實生苗10年以上，嫁（靠）接苗5年，還要馴化及特殊管理，愉園彙整相關種植及管理經驗如下：

樹苗定植

一、榴槤的定植（配合矮化）行株距6x7公尺：

二、挖約60～80公分直徑圓、深50～60公分植穴，日曬消毒及瓦斯噴槍滅菌。

三、將日曬後原土（2）：培養土（1）：稻草（殼）（0.5）混合備用。

四、將混土倒入植穴墊底，再將苗盆底剪開置於穴中，與地面水平，用上述混合土倒入四週。垂直剪開盆週圍，補填混合土（可防止土團與根系鬆離，增加存活率）。

五、距樹心15～20公分半徑周圍、突高2～3公分建立水漕。

六、用回收20公升塑膠空桶，去底，橫切對半，圍罩苗木四週，防止割草時切斷苗木。

七、定植完成後即刻澆水到滿連續兩次。

八、並用粗（1.5吋長3公尺）細（6分長2公尺）鏈管兩支前後入土固定，當支柱用棉繩上下固定苗木。

栽培管理

一、馴化作爲：用2公尺長6分鏈管於苗木四週成方型垂直固定，上架水平面50%的遮光網（要能遮到上午9點到下午3點的日照）及垂直面的防蟲網，以增加馴化成功的機率，一般滿3年或苗木高過170公分卽馴化完成，可拆網了。

二、定植後4個月內不要施肥，爾後依植株大小，年施肥0.5～8公斤，最好用有機固態肥，也可輪用有機液態肥。

三、每週澆水2次每次15公升保持土壤濕潤，爲山竹澆水量的一半，雨季要注意排水。

四、冬季寒害成樹停止生長，幼苗可能落葉死亡，應於苗木北、東、西用用透明塑膠布圍住保暖越冬。

五、在原產地每年兩次（9月及3月）成樹開始發花苞，45天以後正式開花，著果後又要100天才能成熟收成。在台灣大都每年3月開花一次。榴槤是分批開花，開花下午六點，翌日上午六～八點花謝，在原產地是靠一種蝙蝠授粉，在台灣是靠蜜蜂、蛾類、人工及自然授粉。

六、在原產地沒有颱風的威脅，所以成樹可高達20～30公尺，但在台灣一定要矮化（5～6公尺）及用固定柱防颱。

七、榴槤在成熟採收前，應用尼龍繩將果實繫在樹枝上或架防落網，以防成熟掉落地面受損而失去商品價值。

▲ 挖植穴

▲ 用瓦斯噴槍滅菌

▲ 原土、培養土、稻殼混合

▲ 苗盆底先切開

▲ 置植穴

▲ 混土填入後將盆緣垂直切開取出塑膠盆

▲ 定植及固定完成

▲ 馴化用～遮光及防蟲網

▲ 防颱固定架

▲ 榴槤果防落措施（由榴槤魏農場提供）

第2A節：甘甜微酸令人懷念的好滋味～「山竹」（2018.05.14）

男園主在退休前服務海軍30年，曾前後參加八次敦睦遠航，多次訪問新加坡、印尼及一次越南及泰國，有機會品嘗當地的熱帶水果～果王榴槤、果后山竹及紅毛丹讓人回味無窮。

十幾年前國內還允許上述水果進口，後因農政單位檢驗出山竹、紅毛丹帶有果實蠅的蟲卵而禁止進口，榴槤因果殼極厚及硬果實蠅無法叮入產卵才能持續進口。

近幾年有些懷念山竹、紅毛丹的果農，花了很多心力在國內自力試種紅毛丹及山竹，目前紅毛丹有幾個農場已種植成功，產量逐漸增加中，而山竹因生長期極長（7至10年）且種植困難，現僅有極少數果農種植成功，還沒採收就被高價搶（訂）購一空。照片中的山竹就是柴山好友蔡先生所出產，吃起來甘甜微酸、口齒留香，令人回味無窮。

▲ 山竹果

▲ 果肉呈蒜瓣狀，酸甜美味

第2B節：售價極高的國產新鮮「山竹」（2020.06.11）

近期北農拍賣一批國產新鮮山竹，以每公斤1600元（每台斤約960元）高價拍出，再加中、小盤利潤，零售價應在每台斤1100元以上，引起網友兩極化的熱烈討論。愉園的看法如下：

一、愉園4年前種了17株山竹，小苗1株就要價4～5000元，獲得成本極高。

二、歷經定植、搭網防蟲、寒、曬、馴化過程、施肥澆水、防颱措施（原產地泰國無颱風影響）及防治蟲菌病害……等的管理過程，並隨時與專家交流請益，像照顧嬰兒一樣，非常辛苦，至今存活率86%。而另位好友只種活了4成，可見山竹的管理難度極高。

三、山竹的生長期非常長，7～9年才能結果（想像一下7～9年沒有收入），估計全台目前可採收的山竹成樹約僅2000株，爲國內稀有的珍貴果樹。

四、目前山竹進口要先經蒸熱作業（防止活的果蠅卵進入國內），山竹的中心溫度要46度C蒸58分鐘以上，再降溫冷藏運輸，如此一熱一冷山竹的口感及味道都變差了，而且壞果率較高。國產新鮮山竹沒有這些問題。

基於上述因素，及市場供需失衡，物稀爲貴的法則，現階段國產新鮮山竹有其高價位的條件，期待國內山竹農友克服困難繼續擴大種植，以降低售價嘉惠國人。

第2C節：熱帶果后～「山竹」的種植與管理（2018.09.13）

山竹爲藤黃科藤黃屬常綠喬木，原產馬來西亞，是極有名的熱帶果樹，有果后之稱。喜愛高溫（25～32度C）及潮濕的環境，台灣中、南部地區較適合栽種。近幾年國內喜愛山竹的果農，透過育苗、嫁接，已能成功育出泰國山竹、越南山竹、馬士特山竹……等品種的幼苗出售，唯物以稀爲貴售價不斐。

山竹生長期非常長，實生苗8～10年以上。愉園彙整相關種植及管理經驗如下：

選種

一、初種者常把其他藤黃科的爪哇鳳果、山鳳果當成山竹去種，山竹葉背的葉緣有平行紋路很好識別，生長期長的果樹千萬別種錯了。

二、泰國、越南及馬士特山竹，其果色、果型、口感及賣相均佳，爲市場主要供應的山竹，其他墨西哥、黃金山竹屬特有種。

三、山竹嫁接苗雖有比實生苗早1～2年開花結果的優點，但實生苗樹體及葉冠較大，結果率及收成有比嫁接苗高的優勢。種植前應考量取捨。

定植

山竹的定植（配合矮化）行株距6x7公尺：

一、挖約60～80公分直徑圓、深60～100公分（山竹根系深）植穴，日曬消毒及瓦斯噴槍滅菌。

二、將日曬後原土（2）：培養土（1）：稻草（殼）（0.5）混合備用。

三、將混土倒入植穴墊底，再將苗盆底剪開置於穴中，與地面水平，用上述混合土倒入四週。垂直剪開盆週圍，補填混合土（可防止土團與根系鬆離，增加存活率）。

四、距樹心15～20公分半徑周圍、突高2～3公分建立水漕。

五、用回收20公升塑膠空桶，去底，橫切對半，圍罩苗木四週，防止割草時切斷苗木。

六、定植完成後卽刻澆水到滿連續兩次。

七、並用粗（1.5吋長3公尺）細（6分長2公尺）鍍管兩支前後入土固定，當支柱用棉繩上下固定苗木。

栽培管理

一、馴化作爲：用50%的遮光網水平遮光，另於週圍可種植木瓜、香蕉等短期作物遮陰，以增加馴化成功的機率，一般滿2年可先去除遮光網，3～4年後苗木高過200公分且成長正常卽馴化完成，可砍除木瓜、香蕉等遮陰樹。

二、定植後4個月內不要施肥，爾後依植株大小，年施肥0.5～8公斤，最好用有機固態肥，也可輪用有機液態肥。

三、山竹喜愛水，澆水量每週2次，每次30公升，爲榴槤澆水量的2倍，長期保持土壤濕潤，雨季要注意排水。

四、冬季寒害低於4度C幼苗可能落葉死亡，應於苗木北、東、西面用透明塑膠布圍住保暖越冬。持續強風時防風作業要防枝芽被吹斷。

五、山竹的病蟲菌害很少，雨季前要先預防眞菌類的感染，有機農作～可使用亞磷酸（配氫氧化鉀）建立保護機制。傳統習作～使用亞托敏等藥物滅菌。

七、在台灣每年1～3月成樹陸續開花，著果後約5～7月才能成熟收成。果實保鮮期室溫4～6天，出貨最好冷藏，以延長保鮮期到7～9天。

八、在原產地沒有颱風的威脅，所以成樹可高達15～25公尺，但在台灣一定要矮化（3～5公尺）及用固定柱防颱。

九、山竹生長緩慢，除矮化外不太需要大修枝。

▲山竹

第3節：熱帶名果～「龍貢」的選種、種植及管理（2019.07.01）

龍貢爲楝科蘭撒屬常綠喬木。原產馬來西亞西部是有名的幹生熱帶果樹，喜愛高溫（24～35度C）及年雨量2500毫米的潮濕環境，國內有極少量栽種，結果成樹不到300株，台灣中部以南地區較適合栽種。近幾年國內喜愛龍貢的果農，透過育苗、高壓、嫁接，已能成功育出蘭撒、度古及龍貢（都是蘭撒屬）等品種的幼苗出售，唯物以稀爲貴售價不斐。

龍貢生長期非常長，實生苗10年以上，高壓苗4～5年，栽種管理難度很高，愉園彙整相關選種、種植及管理經驗如下：

選種

目前國內的品種：度古、龍貢及蘭撒都屬蘭撒屬，但龍貢的品質及口感最優，其果實像山竹有4～5片蒜瓣，有山竹、百香果及葡萄柚綜合的味道，淸甜微酸，味美勝過果王、果后，是泰國王后的最愛。種前愼選品種，這種生長期長的果樹，千萬不能將度古及蘭撒誤當龍貢種了。

分辨的基本方法：

一、葉片～度古最大、蘭撒最小，龍貢介於兩者之間。

二、果粒～度古最大、蘭撒最小，兩者果型圓型皮薄，龍貢大小介於兩者之間，果型橢圓形皮薄帶乳汁。

三、果肉～度古、蘭撒白色或粉紅色，全甜，龍貢全白透明色，甜中微酸。

定植

龍貢的定植（配合矮化）行株距6X7公尺：

一、挖約60～80公分直徑圓、深50～60公分植穴，日曬消毒及瓦斯噴槍滅菌。

二、將日曬後原土（1）：培養土（2）：稻草（殼）（0.5）混合備用。

三、將混土倒入植穴墊底，再將苗盆底剪開置於穴中，與地面水平，用上述混合土倒入四週。垂直剪開盆週圍，補填混合土（可防止土團與根系鬆離，增加存活率）。

四、距樹心15～20公分半徑周圍、突高2～3公分建立水漕。

五、用回收20公升塑膠空桶，去底，橫切對半，圍罩苗木四週，防止割草時切斷苗木。

六、定植完成後即刻澆水到滿連續兩次。

七、並用粗（1.5吋長3公尺）細（6分長2公尺）鏂管兩支前後入土固定，當支柱用棉繩上下固定苗木。

栽植管理

一、定植後4個月內不要施肥，爾後依植株大小，年施肥0.5～8公斤，最好用有機固態肥，也可輪用有機液態肥。

二、每週澆水2次每次15公升保持土壤濕潤，爲山竹澆水量的一半，雨季要注意排水。

三、龍貢抗寒力強不怕冷。但屬落葉型果樹，冬季掉葉春季發綠芽，夏季長勢最旺。

四、龍貢主幹易受鐮孢菌及子囊菌引起結痂，傳統習作用乎粒勇……等農藥殺菌，有機種植可用人力撥除。另防眞菌感染，傳統習作用亞托敏……等農藥處理，有機種植於雨季前用亞磷酸（配氫氧化鉀）建立防禦系統。

五、開花前2～3年要多施鈣、鎂肥，成樹每年1～2月禁水催花。

六、在南部大約3月中旬發花苞，4月上旬盛開，可自然授粉著果，約6～7月成熟採收。

七、在原產地沒有颱風的威脅，所以成樹可高達20～30公尺，但在台灣一定要矮化（4～5公尺）及用固定柱防颱。

八、龍貢在成熟採收前，應用尼龍果袋將果實套在樹枝上，以防蟲害及成熟掉落地面受損而失去商品價值。

▲ 種了8年的嫁接龍貢

▲ 龍貢結果中

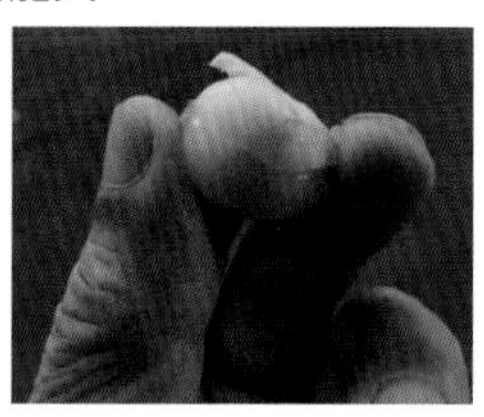

▲ 龍貢果

第捌篇
農產品加工

第一章
葉菜加工類

第1節：年後削油膩的開味小菜～「衝菜」製作（2016.02.23）

冬天芥菜很肥美，頂端開花的部分用來做衝菜是極佳的開胃小菜。過年吃太多肉來點衝菜，既可平衡營養攝取，又可清油膩，而且其味道像芥末一樣嗆，不用再吃傷身的化工香料芥末了（註一）。台灣衝菜製作的起源應該來自眷村，因爲它是我童年就有的年節美味。

衝菜的製作程序如下：

一、食材：芥菜心（含葉、莖、花）1台斤半、紅辣椒2支、蒜5、6粒、玻璃罐1-2個。

二、將芥菜心洗淨晾乾後切細丁、辣椒、蒜切成細末及玻璃罐洗淨晾乾備用。

三、使用平底炒菜鍋（註二）用大火先預熱，倒入少量油，油熱後先倒入辣椒、蒜爆香，再將芥菜倒入快速翻炒約20秒，顏色變深約7分熟即關火。

四、趁熱盛出（註三）裝入玻璃罐中，上覆保鮮膜再加蓋密封，待其冷卻後放入冰箱冷藏，約1天後即產生衝嗆味就可食用。

五、食用時可吃原味，或依各人喜好拌加炒熟之花生、小魚干或豆瓣醬。

做衝菜失敗的原因：

1.選錯芥菜。
2.炒鍋熱力不足（火不夠大）無法激出衝味。
3.把芥菜炒得太乾、太熟。
4.玻璃罐不乾淨帶水及油腥。

註一：真正的芥末是用山葵磨的成本高，市面上大都用化工香精。

註二：平底炒菜鍋受熱較均勻。

註三：涼了再封罐，衝味較易失效。

▲ 芥菜晾乾中

▲ 切成細丁狀

▲ 辣椒及蒜切碎

▲ 用平底鍋加少量油熱炒

▲ 趁熱放入玻璃罐中～即完成衝菜製作

第2節：客家「高麗菜乾」自製介紹（2016.01.04）

愉園位於屏東縣高樹鄉客家廣興村，二年多來認識不少客家好友，也常受贈客家名菜～高麗菜乾，經品嘗非常美味。女主人認爲：等人家送才吃到，不是辦法，所謂：等魚吃，不如釣魚吃。利用近期收成高麗菜，向好友溫夫婦學做高麗菜乾：

一、作法

1.將高麗菜剝片，不要切、不要洗，在太陽下曬一個白天。（晚上收起來）

2.用鹽（比例10：1）揉一揉裝入米袋中，以石頭（磚）重壓一至四天。

3.再揉一點鹽卽裝入小瓶中，以細竹壓緊後，蓋緊瓶蓋（不蓋緊會氣爆）。

4.置陰涼處二週以上發酵卽完成，可開始食用。

二、食用

自瓶中取出清洗後備用，如口味較鹹，可多清洗一至二次。

1.煮魚湯或排骨湯時適量加入高麗菜乾。

2.紅燒或炒肉時，加入高麗菜乾當配料。

3.自行發揮創意運用高麗菜乾。

各位好友：近期天冷蟲害少，農民高麗菜大豐收，價格極便宜（有的賣三粒才50元），有興趣的好友可試做高麗菜乾。一方面協助農民解決高麗菜滯銷，且可先儲備年菜的配料。利人利己一舉兩得何樂不爲。

PS：提醒您：高麗菜乾屬醃製品，為了您的健康不宜大量、高頻次食用喔！

▲曬了一天的高麗菜

▲用石或磚重壓米袋裝的高麗菜

▲用小酒瓶裝高麗菜

▲裝好之客家高麗菜乾

第3節：「紫蘇梅」的作法（2020.04.07）

上週好友來訪，帶來其嘉義農園自產的有機梅子，女園主試做紫蘇梅，其製程如下：

一、將梅子的樹葉雜枝清掉後，用鹽輕揉去青。

二、用牙籤將蒂頭去除，否則會有苦味。

三、用鹽1：10混合梅子，再用重物壓三天，陸續會出水。

四、用鹽水洗淨後，將髒鹽水倒出並瀝乾梅子。

五、用糖1：10混合梅子再壓二天後，將糖水倒出並瀝乾梅子。

六、再用一層梅子一層糖（混合少量乾紫蘇、甘草及陳皮）比例1：1裝玻璃罐。

七、封罐三個月以上則完成而可食用。

備註

1、網路上有很多種作法也可參考及併用。

2、製作全程不能沾到水。

3、甜度可自行調整（增、減用糖量）。

▲ 篩選、清洗及晾乾梅子

▲ 紫蘇梅製作完成

第二章
瓜類加工

第 1 節：「菜瓜布」的製作（2017.10.27）

從事「有機生產」、「健康生活」及「平衡生態」的友善農業～一直是愉園的願景及努力目標。

去年12月完成瓜架，陸續種了兩種絲瓜（台灣及澎湖種），特別選優（大）留種及製作名符其實的菜瓜布（市面上大都是用化工纖維製的綠色菜瓜布）。其製作非常簡單，流程如下：

一、選大粒的菜瓜留在瓜藤上繼續老化。

二、待其內部瓜肉逐步纖維化時，整個絲瓜會由綠轉黃，再褐化成咖啡色就可摘下。

三、剝除褐化的外皮及內部的種籽（可播種培苗用）後，再視需要切段，就成爲極環保的～有機菜瓜布了。

▲ 選優（大）留用

▲ 纖維化中

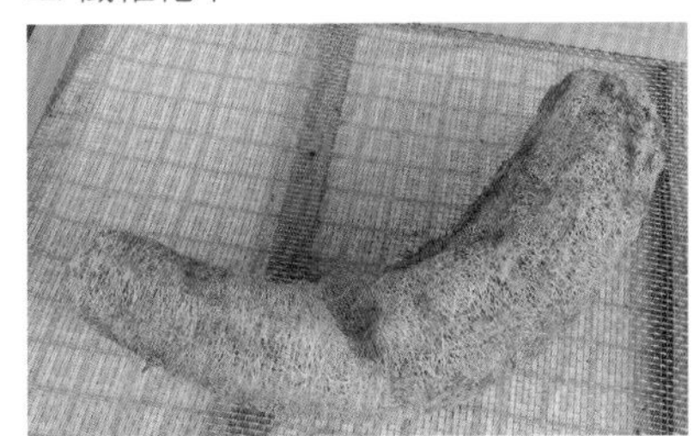
▲ 環保的～有機菜瓜布

第2節：有機「冬瓜露」的製作（2017.08.10）

前幾天採收了兩粒冬瓜，男女園主嘗試做有機冬瓜露，其製作流程如下：

一、材料（比例）：冬瓜（去皮去籽切小塊）（1）：糖（含少量紅冰糖）（1）。

二、製程：

(一)將切塊冬瓜先煮熟後，用果汁機分批打成爛泥狀備用。

(二)將泥狀冬瓜放入大鍋熬煮，並逐量加入糖。

(三)用鍋鏟不停地翻攪，使冬瓜與糖入味。另也可防沾鍋變焦。

(四)初期用大火，逐步改中、小火，約3小時後成黏稠狀。

(五)用筷子沾冬瓜露放入冷水中，拿起不掉落即可熄火。

(六)放入不鏽鋼淺盤冷卻切塊，即完成製作。

三、使用：將切塊冬瓜露與水適量比例煮開就成冬瓜茶，冷熱皆宜，爲夏季清涼退火的極佳飲料。

▲ 放糖及少量紅冰糖熬煮～增加口感

▲ 熬煮中

▲ 黏度測試～放入水中，拿起不掉落即完成

▲ 放置淺盤～冷卻定型

第三章

花卉加工類

第1節：有機「桂花釀」製作（2020.12.28）

愉園種了10幾株桂花樹，今天採收了些桂花自製桂花釀，其製程如下：

一、利用中、下午（清晨、黃昏有露水不宜）採收桂花。

二、將枝葉、花柄（綠色）等雜質清除，千萬不能水洗（會降低香味），置室內2～3小時陰乾。

三、玻璃瓶內外消毒後吹乾。

四、將篩選陰乾後的桂花置入瓶中約7分滿。

五、用自產蜂蜜（或稀釋後的麥芽糖）倒入浸泡桂花。

六、放2～3粒冰糖。再用蜂蜜（或稀釋後的麥芽糖）加至9分滿。

七、封蓋後置2～3個月即釀製完成。

使用方式：可加入湯圓等甜點、早餐配合土司及沖泡成飲料等方式食用。

▲ 篩選後正晾乾的桂花

▲ 桂花裝入玻璃瓶中七分滿

▲ 將純蜂蜜加入桂花中

▲ 加些冰糖

▲ 再用蜂蜜加到9分滿封蓋

第2節：有機「洛神醬」的自製流程（2016.11.02）

今年4月種了10餘株洛神花，10月底開始陸續採收，女園主第一批採收了約5台斤自製有機洛神果醬，其流程如下：

一、材料（比例）

洛神花萼（1）：糖或冰糖（0.2～0.5視個人甜度需要）：檸檬（汁）1～2粒：蜂蜜及鹽各少許。

二、作法

1.可用4分薄鋼管（或雙手萬能）將洛神花萼與種籽分離後，洗淨瀝乾備用。
2.將種籽放入鍋內水淹滿煮開，撈出種籽（可餵雞鴨或堆肥）留下含膠質之鍋水。
3.將洛神花萼撥成數片，加入鍋內熬煮。
4.煮開後改中、小火再熬煮30～40分鐘，並用大筷子或鍋鏟不斷攪拌（較不易黏鍋）。
5.熄火加糖（或冰糖），將檸檬汁擠入，加少許鹽，開大火再煮開一次，繼續攪拌成濃稠狀即完成。
6.熄火放涼至40度C左右，可加入些蜂蜜以增加香氣及口感，即可裝入玻璃罐（應先洗淨用水煮開消毒及晾乾）。
7.每罐盡量裝滿，然後倒扣，可保持較佳之眞空狀態。
8.放涼後則正放入冰箱冷藏備用，因無添加防腐劑最好一個月內吃完，冷凍可保鮮半年。
9.其他：如草莓、芒果、紅龍果、柑橘……等水果，也可參用本流程做成其他果醬。

三、用法

1.當果醬食用。
2.稀釋後，可當飲品，冷熱皆宜。

各位好友：正值洛神花產期，可買來試做喔！祝您成功。

▲ 4分薄鋼管

▲ 分離花萼及種籽

▲ 種籽用水熬煮～產生膠質

▲ 放入花萼

▲ 放入糖及檸檬汁

▲ 裝滿倒置

▲ 放涼後正放冷藏（凍）

第四章
水果加工類

第1節：有機「鳳梨醬」製作流程（2015.10.09）

距離愉園約五公里的泰山村，村子裡沒有泰山，卻以出產礦泉水、芋頭及鳳梨（醬）而有名，販售鳳梨及鳳梨醬的攤位集中在27省及27縣道交會之兩側，但絕大部分都不是有機鳳梨製成。

愉園自種有機鳳梨，特別是大路關台地土壤偏酸又屬旱地極適合鳳梨生長。愉園7月採收完金鑽鳳梨（台農十七號～適合當鮮果生食）後，現陸續採收土鳳梨（台農三號），土鳳梨具原始風味、纖維較粗，極適合鳳梨酥及鳳梨醬之製作。

經訪詢在地多位鳳梨醬自製專家，愉園彙整有機鳳梨醬製作流程如下：

一、材料（比例10：5：2：0.3）

去皮鳳梨（10）台斤：白糖（5）台斤：鹽（2）台斤：豆粕（0.3）台斤。材料不可沾水。

二、程序

1、將有機土鳳梨去皮切片，按上述比例加鹽拌勻，置於室溫24小時，注意防塵。

2、用濾出之汁水分三次洗豆粕後，將殘汁拋棄。

3、將洗好之豆粕及糖按比例拌入鳳梨中，於室溫再置一天至五天。

4、即可裝罐（玻璃較佳）。於室溫陰涼處再置一個月就可食用。

三、食用方式

1、早餐時直接當醬菜配稀飯食用。

2、清蒸魚時加適量鳳梨醬風味佳。

3、炒青菜或煮湯時當配料。

4、發揮想像力，充分運用鳳梨醬。

▲ 採收的土鳳梨～台農三號

▲ 去皮

▲ 切塊後～按10（鳳梨）：2（鹽）加鹽拌勻

▲ 按10（鳳梨）：5（糖）：0.3（豆粕）比例加入並拌勻

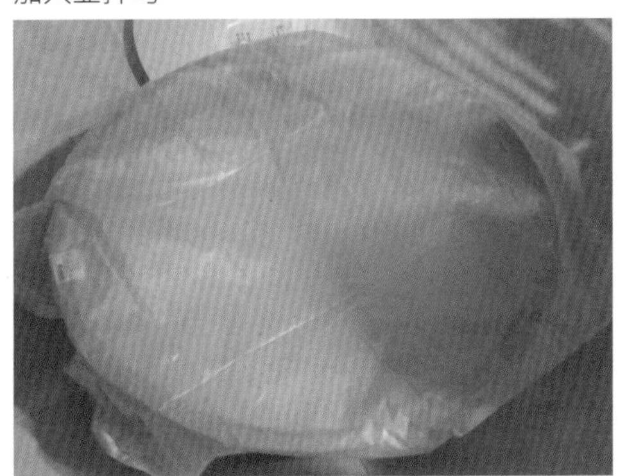
▲ 置室溫發酵時，注意防塵

▲ 裝罐完成的鳳梨醬

第2節：兩種「鳳梨酵素」的自製流程（2016.07.17）

鳳梨酵素分兩種，一種是給人食用的健康飲品，可抑制腸道壞菌滋生，舒緩腸胃道疾病有益，另對調理生理機能提升免疫力、促進新陳代謝及抗敏感也有效用。另一種是給植物防菌蟲及液態肥使用的酵素。其自製流程分述如後：

一、食用鳳梨酵素

1.材料（比例）：土鳳梨（8）：冰糖（4）：醋（或生檸檬片）（1），可再加少許生木瓜（連皮籽切小塊）。

註：土鳳梨有較多的蛋白質分解酵素（有刮舌感），改良鳳梨（牛奶、甘蔗及金鑽鳳梨等，較無刮舌感）較少。

2.作法

A.土鳳梨洗淨晾乾頭尾切除，將皮肉心一起切薄片，再對切四小片備用。（註：鳳梨的皮及心比果肉含有較多的酵素）

B.備便洗淨的玻璃罐，一層鳳梨一層糖，如此多層後，再放生木瓜塊及醋（或生檸檬片）。蓋子不要完全上緊。

C.置於室內陰涼處，前十天每天搖動乙次使其糖完全溶化後封蓋，靜置六個月後完全發酵即完成。

D.製作過程中不能沾到水分。

3、用法

A.倒出的汁可冷藏備用。剩下的鳳梨片可曬乾當蜜餞食用。

B.飲用時如怕酸或甜，可加水稀釋。

二、植物用鳳梨酵素

1.材料（比例）：切下的鳳梨頭、尾、皮及心（3）：紅糖（1）：水（10）。

2.作法：

A.將上述材料按比例混合後裝入容器（可用塑膠桶），記上日期。

B.前十天蓋子先不要蓋緊，每天攪拌乙次後封蓋，靜置三個月即可使用。

3.用法：

A.加水30倍稀釋，可當有機藥品使用，噴施植物可除菌蟲害。

B.加水50倍稀釋，可當有機液態肥使用，增進植物成長。

▲ 食用酵素：將3至5分熟的鳳梨洗淨晾乾

▲ 頭尾切除

▲ 橫向切片

▲ 每片再對切成四片

▲ 一層鳳梨一層糖～最後加一些青木瓜片及醋（或檸檬片）

▲ 裝罐完成～糖完全溶化後封罐～發酵六個月後即完成～食用鳳梨酵素。

▲ 植物用酵素：切下之鳳梨頭尾及外皮

▲ 加上紅糖

▲ 再加水

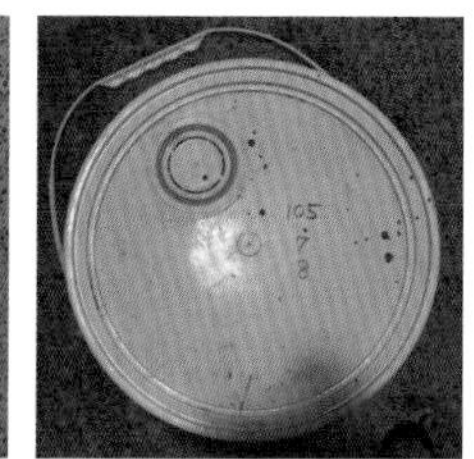

▲ 密封3個月即完成～植物用酵素

第3節：有機「橄欖酵素」的製作（2017.09.01）

▲ 洗淨後晾乾備用

▲ 按比例混合裝罐發酵

愉園種了一株莎梨橄欖，常有橄欖可收成。莎梨橄欖原產南太平洋島嶼，又名太平洋榲桲，種植容易四季皆可結果，果實無堅硬果核，可醃製成蜜餞、放梅粉打成汁、做橄欖酵素、也可生食～那種酸、脆、甘甜的味道非常特別，為南洋姐妹最愛的零食。

女園主這次特別用莎梨橄欖做成酵素，其做法如下：

一、材料（比例）：橄欖（5）：砂糖（3）：糯米醋（0.5）。

二、製程：

1、將橄欖清洗乾淨並晾乾（不能有水分）備用。

2、將橄欖、砂糖及醋用上述比例置入玻璃罈中混合。

3、置於陰涼處4個月以上發酵即完成。

三、用法：

1、酵素汁為鹼性對開水飲用，對身體保健極佳。

2、果粒可當蜜餞食用。

各位好友：有興趣的話可試做，成功率很高，如無法獲得莎梨橄欖也可用其他品種的生橄欖製作喔！

第4節：有機「檸檬乾（片）」的製作流程（2017.08.02）

女園主每年都要製作檸檬乾當零嘴，愉園特別種了20株有機檸檬供應，其有機檸檬乾（片）製作流程如下：

一、檸檸洗淨後晾乾切片。
二、用鹽醃漬（鹽分不宜過量），放冰箱冷藏一夜。
三、把漬（苦）水瀝乾，不要太乾。
四、放糖攪拌（微甜即可）放冷藏三天。
五、再一次把漬（苦）水瀝乾，不要太乾。
六、加梅粉（嘉義梅山產品最佳）攪拌後曬一星期（夜晚及陰雨移入室內用電扇吹乾）即完成。
七、成品置陰涼處可保存1～3個月，放冷藏約1年。

▲ 將檸檬洗淨並晾乾

▲ 檸檬切片

▲ 用梅粉攪拌

▲ 攪拌後

▲ 日曬成成品

第5節：「紅龍果水果酒」及「檸檬酵素」的製程（2018.08.08）

今天下午豪大雨不斷，無法室外農務，男女園主將釀了近3年的紅龍果水果酒，開罐裝瓶，一時酒香四溢，品嚐之下甜度、酒精濃度剛好。以紅龍果(1)與糖(1)的比例，一層紅龍果一層糖的方式置入玻璃罐密封，置室溫發酵半年以上，製成的水果酒有其特殊的風味，加上紅寶石顏色讓人有活血通筋的暢快感。其他類的水果也可比照做成其他類的水果酒。

緊接著製作檸檬酵素，將洗淨涼乾的檸檬切薄片，以檸檬(2)與糖(1)的比例，一層檸檬一層糖的方式裝入洗淨的瓶罐，約半年以人上卽發酵完成檸檬酵素了，爲極優的養生飲品。

▲ 釀了近三年的紅龍果（水果）酒

▲ 過濾中

▲ 裝瓶

▲ 洗淨涼乾的檸檬

▲ 一層檸檬一層糖

▲ 封蓋開始發酵

第五章
魚、禽及肉品加工類

第1節：有機「鹹鴨蛋」製作（2018.04.02）

愉園現養6隻蛋鴨，每天下蛋約5～6粒，由於愉園不餵食雜魚（吃雜魚可促進產蛋率）及池水乾淨（蛋鴨場較髒臭）～生產的鴨蛋沒有腥味及土味，除了煮炒外，女園主特別自製有機鹹鴨蛋，其製程如下：

一、將收集的生鴨蛋洗淨晾乾。
二、準備中藥材（五香粉爲主）及鹽，1比1混勻。
三、58度高粱酒一碗，主要是消毒蛋殼上的細菌增加酒香味，並使蛋殼的透氣孔更透氣。
四、將生鴨蛋泡入58度高粱酒裡1～3分鐘後撈起。
五、將蛋用中藥材（含鹽）包覆，並用保鮮膜包住。
六、置於室溫下約3～4週，其間選一好天氣置室外太陽下曬1個半天（蛋黃會出油～口感較佳），即完成。
七、食用前一定要將蛋先煮（蒸）開，使蛋黃、蛋白凝固，再做其他使用或直接食用。

各位好友：自製鹹鴨蛋自己吃～好吃、健康又安心，有空可以試試喔！成功率百分之百。

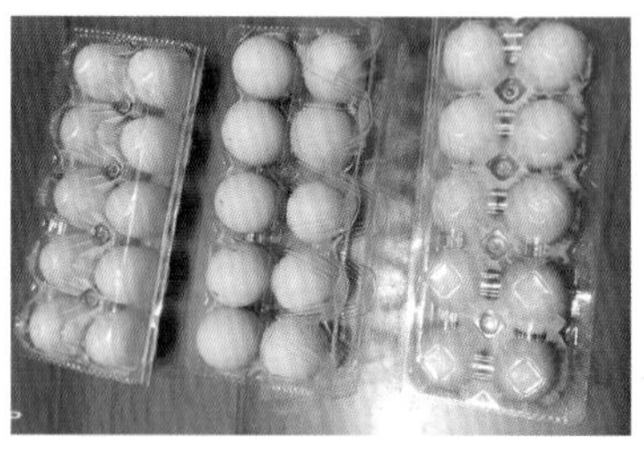
▲ 生鴨蛋洗淨

▲ 鹹鴨蛋成品

▲ 日曬半天～讓蛋黃出油

▲ 食用時的鹹鴨蛋

第2節：「雞精」的自製流程（2019.04.16）

小孫女已3個半月大了，非常可愛，女園主北上幫忙顧孫，兒、媳也非常辛苦白天上班晚上帶娃，尤其是媳婦還要餵母乳，特別自製雞精給她補身。流程如下：

一、用愉園自養滿5個月，且不餵任何藥物的放山黑羽土雞當食材。

二、處理～去毛、內臟後切成塊狀洗淨。

三、用煮飯的電鍋，空內鍋上放濾網籃，將雞塊放入網籃內，外鍋放一杯水。

四、不放任何中藥材及調味料。（如要放請自行決定。）

五、開始蒸煮，雞精會慢慢滴入空內鍋，等外鍋水乾，開關跳開卽完成。

六、沉澱雜質後，將上層雞精裝瓶罐冷凍備用。

▲ 蒸煮雞精中

▲ 蒸煮完成

▲ 兩隻土雞分兩次蒸煮的成品～難怪雞精很珍貴、很營養

第3節：「一夜干尼羅河紅魚的製作」（2020.05.15）

愉園的灌溉魚池養了近千條淡水魚，主要是尼羅河紅魚，其他爲澳洲鱸魚、珍珠石斑……等，因池底爲水泥結構，魚肉沒有土腥味，極適合做一夜干。「愉園國寶」～95歲的劉爸爸最近想吃一夜干，並自釣及自做尼羅河紅魚一夜干，觀摩其製程如下：

一、將魚體先刮除魚鱗，再用利刃由背部或前胸剖開成連接的兩個半面，清除內臟血水後洗淨備用。

二、按水10：鹽1：米酒0.5的比例，每尾（約1台斤）用約200CC水（如5尾魚則用約1000CC）調成醃漬水裝盆，原則醃漬水量要剛好蓋過魚體。

三、將處理好的尼羅河紅魚放入醃泡約1小時。

四、用竹籤將每尾魚由內撐開，並用乾紙巾擦拭水分。

五、用細繩將魚尾綁緊並吊掛於通風處風乾一夜就成一夜干了。

六、將竹籤去除，每尾裝入塑膠袋放入冰箱冷凍，以延長保鮮期。

註：當然也可用其他新鮮的海水魚：午仔魚、青魚、秋刀魚……等製作。

食用法：一夜干極易自製且味道鮮美，非常適合乾煎（自家）及烘烤（店面），再加點胡椒鹽，淋上些檸檬汁就更美味了。

▲ 自己釣的魚最好吃

▲ 去鱗內臟洗淨後備用

▲ 由背部或前胸剖開，放鹽水及酒浸泡

▲ 利用夜間晾乾～所以叫一夜干嗎？

第4節：四川臘肉的傳承及製作（2022.12.26）

從小每年過年前家父都會醃製四川臘肉，讓我們兄妹及鄰居好友分享，那種傳承自四川老家的臘肉，讓人回味無窮，也是過年餐桌上必備的家鄉美食。家父於今年元月以98歲高齡辭世，爲不讓兒孫們失望，愉園導循父親的古法、開始自製四川臘肉，其製程如下：

一、每年冬至到來，過舊曆年前約3～4週，找一波寒流來襲（較不會因太熱而腐壞）的時段（製程共約11～12天）製作。

二、傳統市場買五花肉（瘦多肥少），切成2～3指寬，每塊約1.5～2台斤重，並於一端皮上穿一小孔（以利吊掛）置陰涼處瀝乾（不要用水清洗）。

三、調製比例：每10台斤五花肉備便五香粉3湯匙、花椒3兩、鹽半公斤及視需要（如天候稍熱）備便高樑酒少許加入，味道也更加美味。

四、用中火將鹽及花椒先炒，至鹽微黃及花椒有香味溢出卽關火，再置五香粉混合。

五、將五花肉用小鑿子鑿些洞（較易入味），再一條一條置入混合上述材料。

六、用一鍋盆將混好五花肉一層一層堆疊，中間並加入混合材料。

七、上蓋一層紙張防灰塵進入，置室溫等到第三天上下層對調。

八、第五天將五花肉撈起，底層鹽水倒

掉。並上下層對調加入醬油2～3瓶（原則要醃滿最上層肉）。

九、第六天上下對調。

十、第七天用細繩子穿洞，吊掛屋簷下有陽光、通風且能防雨處～瀝水及曬乾。並用細網包覆（洋蔥紅色網袋最佳），以防虫蠅產卵。

十一、日曬4～5天後，臘肉用手按不能太硬微軟卽完成，夜間或下雨要移置入室內，防受潮損壞。

十二、取下臘肉用白紙包覆，放入冰箱冷凍備用。一年內吃完。

食用法：

一、一次用一塊，用水煮沸2次，如仍太鹹再煮沸1～2次。

二、切片放點大蒜或蒜苗片合著吃味道更爲鮮美。

PS：

一、四川老家還有用硝石防腐及將臘肉吊掛廚房用煙熏的作法，因有煙烤及硝石致癌的顧忌，建議不要使用上述兩種作法爲宜。

二、各種臘肉都使用大量的鹽、醬油及香料醃製，爲了您的健康～建議過年期間應景品嘗卽可，平時少食爲佳。

▲ 五花肉

▲ 將五花肉混入材料

▲ 放鍋盆醃製

▲ 臘肉吊掛通風日曬中

第六章

蜜蜂產品加工類

第1節：「純天然花粉的製程、使用及保健特性」（2021.05.28）

一、首先要瞭解純天然花粉與人工花粉的區別

人工花粉是在天然花粉短缺時，以豆粉爲主要原料（佔約50～60%），其次爲酵母粉（佔約30%），添加少量玉米粉、食鹽、微生素、檸檬汁、牛奶粉及礦物質（仿天然花粉營養成分），而以人工或機器製成，主要於蜜源短缺時，蜂農用來調成蜂糧餵食蜜蜂。市面上以台斤（或公斤）計價。

純天然花粉是蜜蜂從植物花朵採回的花粉團，經蜂農攔取後，烘（曬）乾而製成，主要是提供人類使用的極優保健食品。市面上是以公克計價。

二、純天然花粉的製程

(一)蜂農將收粉器裝於蜂箱前出入口，攔截蜜蜂帶回的花粉團。

(二)蒐集花粉到一個量後，將花粉收集，將其中夾雜的雜質以人工篩除。

(三)初採回的花粉含水量20%以上，會發酵損壞，因此要用烘乾機（也可採日曬法～但要加罩細網以保衛生），使用47度C以下溫度（溫度太高會破壞活化性）降低水分，使含水量到10%以下，以利保存。

(四)將乾燥後的花粉用玻璃罐密封冷凍保存。

三、純天然花粉的使用方法

(一)成人每日食用10～20公克，兒童減量，可直接咬碎食用，也可用溫開水攪拌後飲用。

(二)對花粉過敏的人不宜使用。

四、純天然花粉的化學成分及保健效用

～引用自《苗栗區農業專訊》第87期第13頁，徐培修（助理研究員）著〈蜂花粉的生物學特性及保健效用〉

「蜂花粉含有約200種化合物，主要成分包括蛋白質（5-60%）、必需氨基酸、還原糖（13-55%）、脂質（4-7%）、核酸（RNA爲主）和粗纖維（0.3-20%）。其他微量成分尚包括礦物質、維生素、酵素及輔酶。礦物質如鈣、鎂、鐵、鋅和銅，且鉀鈉比高；維生素如維生素原A（B-胡蘿蔔素）、維生素E（生育酚）、菸酸、硫胺素、生物素

和葉酸。重要的生物活性物質包括脂肪酸（1-10%）、磷脂質（1.5%）、植物固醇（1.1%）、多酚（3-8%，類黃酮爲主）、萜烯和類胡蘿蔔素色素。鑒於其成分多元，且均屬人類維持生命所需，因此被冠上「完美完全食物」的封號。

藥用特性：蜂花粉中含有的各種初級和次級代謝產物具有廣泛的生物活性，包括抗氧化、抗發炎、抗癌、抗細菌、抗眞菌、護肝及抗動脈硬化等，能夠改變或調節免疫系統機能，因此非常適合作爲營養補充食品。」

蜂花粉可說是植物精華的濃縮物，每小粒花粉就像是微型的「營養寶庫」。

▲ 收粉器

▲ 收粉器裝於蜂箱出入口

▲ 人工篩除雜質

▲ 新鮮花粉置於烘乾機

▲ 製作完成的純天然花粉

第2節：「蜂蠟」的製作及功用（2018.07.01）

蜂農養蜂的產品包括：蜂蜜、蜂王乳、花粉、蜜蜂、蜂膠及蜂蠟。今介紹蜂蠟的製作與功用如下：

一、蜂蠟的製作

1.檢查蜂箱或採蜜時，收集蜂巢及贅脾（違建蜂巢片），將殘留的蜂蜜擠出（或用涼水沖泡），並清理乾淨。

2.將蜂巢、贅脾放入電鍋內鍋（不加水），外鍋加一杯水，像煮飯一樣蒸煮。

3.電鍋開關跳起後，將液態狀的蜂蠟經過濾網濾掉雜質，倒入容器中。

4.等冷卻後就成黃色的固態蜂蠟了。

二、蜂蠟的功用

1.可用於原木傢俱防水、防腐及光亮的保養使用。

2.廣泛用於面霜、口紅、頭油、眉筆……等化粧品的生產配料。

3.中、西點心及糖果用的離型劑。

4.其他：如醫藥、電子、製革、蠟染、油劑及蠟蠋工業均有使用。

三、上述功用除1項可自用外，其餘2、3、4項是由工廠透過蜂具行向蜂農收購（或折換蜂具）蜂蠟。

▲ 蜂箱上的蜂巢（贅脾）

▲ 清理後放入電鍋內鍋

▲ 蜂蠟成品

第3節：「蜂蜜檸檬水」的製作（2018.07.12）

檸檬是極佳的水果，一年四季都出產，爲全年水果，可製檸檬乾、檸檬酵素、檸檬醋，在夏季盛產時，可自製蜂蜜檸檬水，程序如下：

一、將玻璃罐洗淨晾乾後備用。

二、將檸檬洗淨晾乾後橫切成薄片。

三、加天然純蜂蜜，一層檸檬片一層蜂蜜。

四、裝到九分滿後加蓋密封放冷藏。

五、使用時挖出檸檬片及蜂蜜，按自己口味對上涼開水，就成了極佳的消暑聖品～「蜂蜜檸檬水」了。

第4節：「虎頭蜂酒」的功效及自製程序（2020.12.13）

虎頭蜂酒是一種古傳的藥酒，食用後具有袪除風濕及健腎功效，長期服用也有滋補養身的作用。

虎頭蜂每年8～11月會在平地出現，因屬肉食性會攻擊體型小10～20倍的家蜂，爲減少家蜂損失，愉園今年捕虎頭蜂製成藥酒（共2瓶），其製程如下：

一、買瓶裝米酒頭（700CC）先倒出100CC他用。

二、先浸泡甘草2～3片、枸杞12～15粒。

三、陸續將捕捉的活體虎頭蜂50～60隻泡入。

四、密封置陰涼處釀製半年以上卽可使用。

▲ 拚死抵抗而犧牲的家蜂

▲ 虎頭蜂酒

第七章
其他加工類

第 1 節：「無患子環保萃取皂液」自製程序及使用方法（2021.01.08）

愉園六年前種了一株無患子樹，二年前開始結果，其果肉一直是非常有機且環保的清潔聖品。今天女園主特別將採收的無患子果製成萃取皂液，其程序如下：

一、將採收的無患子果篩選及清洗乾淨。

二、用不鏽鋼鍋，以50粒無患子果加入1000CC水，浸泡1～2小時。

三、開爐火（用中火）煮沸（不加蓋，加蓋皂泡會溢出）15～20分鐘，無患子萃取皂液即完成。

▲ 無患子樹

四、冷卻後將果肉瀝出，裝入網套，可當洗手液或洗鍋碗盆筷時使用。

五、將皂液裝瓶備用。置一般室溫約2個月內要用完。

使用方式：可當一般清潔劑使用。

一、清洗碗筷、蔬果及衣物。

二、清潔地板、衛浴設備。

三、洗手及沐浴使用。

▲ 浸泡中

▲ 煮沸中

▲ 完成的無患子萃取皂液

▲ 無患子殼備用

第2節：「酒釀」的自製程序（2020.09.23）

女園主第一次試做酒釀～結果成功！其自製程序如下：

一、買圓糯米2斤蒸（煮）熟後，攤涼至約38度C。

二、將1/3粒酒麴（輾碎）用38度C溫水（450CC）調勻。

三、將酒麴水平均拌入蒸（煮）熟的糯米中。

四、裝入容器蓋上蓋子（留點縫），用棉被包裹發酵。

五、發酵2～3天後打開有出酒水及酒香味即成功。

六、裝玻璃罐置冰箱冷藏備用。

秋冬季到了～酒釀很好用也很好做，各位親朋好友可試試喔。

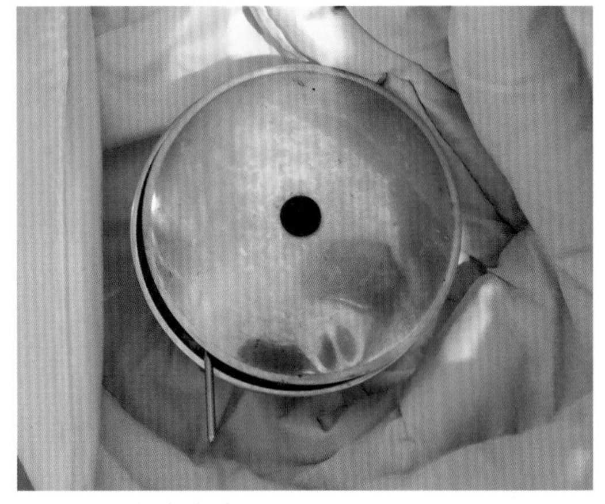

▲ 用棉被包裹發酵

▲ 發酵完成準備裝罐

▲ 酒麴水

▲ 製成的酒釀

第3節：農產品豐產時「果乾機的運用」（2020.09.30）

有機農園雖都不大，但有些水果、瓜類豐產時，販售、自吃及送好友都無法消化時，運用果乾機烘成果（瓜）乾，避免浪費農產品也是極佳的選項。

愉園曾用果乾機烘製許多有機水果及瓜類：有香蕉、木瓜、檸檬、紅龍果、鳳梨、芒果、瓠瓜、番茄……等，效果都非常好。

果乾機有兩種：家庭式較小型烘量小價格便宜，商業式較大型烘量大價格貴，可依個人需求而決定。果乾機有控溫控時功能，操作非常簡便。

▲ 家庭式果乾機

▲ 瓠瓜切片烘烤

▲ 裝袋冷藏備用

第玖篇
園區自建（修）小工程

第一章

油漆、木工類

第1節：除舊佈新的「油漆」作業（2019.02.02）

花了一個下午的工時，將景觀台及樓梯清潔、除鏽及油漆完成。

回想當年在海軍保養及校閱經常油漆，可以說油漆是海軍官兵的基本學能。

當時常在海岬及外、離島看過許多的燈塔，大都有一百多年的歷史，燈塔大都使用白色，光亮如新，問了守塔員才知道每1～2年至少油漆一次，累積了油漆厚度才不會遭海風侵蝕鏽爛。

退休後愉園鐵構的大門及景觀台，也比照每1～2年除鏽大油乙次，以保持光亮如新。感謝海軍教導的學能及特殊的歷練。

▲ 景觀台除鏽油漆中

▲ 景觀台煥然一新

▲ 樓梯油漆完成

第2節：自製生咖啡豆日曬用～「網籃及網盤」（2017.10.04）

愉園種了30株阿拉比卡咖啡樹，不論自製水洗豆或日曬豆，每年都要日曬生咖啡豆。經高樹靜星咖啡園男女園主指導，自製曬豆用網籃（初期用）及曬盤（後期用）。其自製程序如下：

一、愉園是採長90公分X寬60公分的尺寸，可視需要自行增減。

二、將木條先釘成長方形，並於四個角且90度固定片固定。

三、再由背面加不鏽鋼網（網目要咖啡豆不會掉落），用小木條固定，即完成網籃。

四、內面用薄不鏽鋼片嵌入，於外側木條包覆固定，即完成曬盤。不鏽鋼片嵌入固定難度稍高，可請專業師傅代工。

買完材料後當了半天木工DIY～完成了共4組網籃及曬盤，經試曬咖啡豆非常好用。

▲ 網籃材料之一（木條）

▲ 網籃材料之二（不鏽鋼網較安全）

▲ 框架～正面

▲ 組合完成的～網籃～前段使用

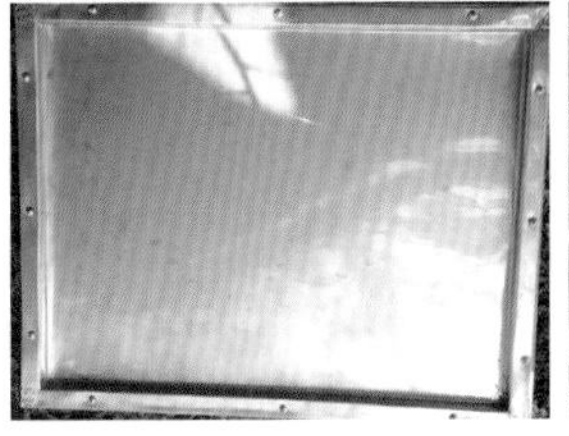
▲ 組合完成的～曬盤（不鏽鋼片較安全）～後段使用

▲ 試曬生咖啡豆

第二章
鐵工類

第1節：可倒置「工作（雨）鞋的支架」及其製作法（2017.12.30）

愉園採有機農作，生態極佳，每年均有1～2次發現臭青母、南蛇或草蛇（均無毒）進出園區，上月居然發現雨傘節（劇毒）入侵，且有覓處冬眠之意圖，女園主驚叫破表，遂下定決心：先於房屋四週撒白石灰及製作可倒置的鞋架。其製作法如下：

一、主要功能：防止蛇、蛙、蜥蜴、昆蟲進入鞋內，並可保持乾燥防潮。

二、製作方法：

(一)至回收場、鐵工材料廠或水電行購買1吋（或1.5吋）的鍍管（或PVC塑膠管），裁成100公分一節。及買塑膠管帽。

(二)將鍍管底部50公分油底、面漆各一道。（PVC塑膠管免油漆）

(三)選定位置後，敲（埋）入土中40～50公分，並用水平儀保持垂直。

(四)塞上管帽即完成。

建議：

一、有農地且怕蛇的好友一定要做喔。

二、提醒要藏私房錢於管內的好友記得：管帽要保持活動，不要黏死。

▲ 鞋架施工中

▲ 完成倒置的工作鞋架

第2節：平台式「花架」及隧道式「瓜架」自製介紹（2016.12.29）

女園主特別喜愛看到花果長在架上的美姿，爲博得領導（對女園主的尊稱）的歡心，園主2年前先自力完成了花架，昨天又完成了瓜架。今將DIY分別介紹如下：

平台式花架

一、設計：規劃尺寸～長6米、寬3米、高2.4米花架。（視需要調整）

二、材料：方型水泥柱長3米6支、6分6米鏈管4支、3米8支、6分對6分彈簧管夾32個、14號不鏽鋼絲線適量。

三、作法：

1、標示花架及水泥柱位置，將水泥柱埋入土中約60公分，柱四週用小石及土夯實，並用水平儀保持垂直。

2、將6分鏈管（共12支）縱橫交錯並用管夾固定，另鏈管與柱頂部用壁虎釘固定。

3、用14號不鏽鋼線在鏈管間隙中縱橫交叉，以增加平台網格密度，利於植物攀爬。

四、用法：極適合種大鄧伯、蒜香藤、使君子、紫藤……等爬藤類植物。

隧道式瓜架

一、設計：規劃～長6米、寬2.6米、高1.9米瓜架。（視需要調整）

二、材料：6分鏈管2.5米12支、6分2.6米ㄇ型（工廠可加工）鏈管6支、4分6米鏈管5支、4分對6分彈璜管夾30個、14號不鏽鋼絲線適量。

三、作法：

1、先標示瓜架及柱位置，將2.5米6分鏈管（先防鏽油漆80公分）用垂直重鎚向下敲入土70公分（上留180公分）當支柱，並用水平儀保持垂直。

2、將ㄇ型6分管6支分別套入兩側支柱，則成最高約190公分之隧道骨架。

3、將4分鏈管置頂部用管夾固定。

4、用14號不鏽鋼絲線在鏈管間隔縱橫交叉，以增加網格密度卽完成。

四、用法：適合種黃帝豆、百香果、絲瓜、小南瓜、中、小型冬瓜……等瓜果。

各位好友：花架、瓜架陸續完成，僅供各位同好參用。

▲ 平台式水泥花架

▲ 大鄧伯花

▲ 隧道型瓜架～垂直柱防鏽油漆

▲ 使用垂直重鎚上下敲入地基

▲ ㄇ型上架及其他材料

▲ ㄇ型頂架完成

第3節：完成「雞鴨飲（戲）水用的華清池（2016.09.06）

愉園爲了能享用更健康的雞、鴨及蛋，計劃自行養雞鴨及下蛋，一個月前自行設計了人道養雞（鴨）場，主要包括：雞舍（5坪）、圈養活動場（35坪）及飲（戲）水池系統三部分。上週進完材料，並先完成飲（戲）水池系統，其施工程序如下：

一、考量地勢高低，規劃飲水池位置及進、排水管路徑，並完成挖洞及管溝。

二、由資源回收場購買廢棄浴缸，並完成除鏽油漆。

三、固定浴缸及架接進、排水PVC管，並用水平儀調整讓管路進水端稍高於排水端，以利進、排水。

四、進、排水測試：確認進、排水正常且接合處不漏水後，回填土壤即完工。

本雞鴨飲（戲）水池系統特點：

一、完工後與魚池的排水系統結合，可引水入飲（戲）水池，完全自動化不要人力另外加水（魚池每天都會排水）。

二、本池排水端接回原魚池下排水端，會同灌溉園區滴水不外漏，可謂：「肥水不落外人田」。

三、水池浴缸之上排口平時正常排水。下（底）排口可依需要控制排放雞鴨產生之汙水，不必人工清池。

完工後經女園主驗收非常滿意，特命名爲「華清池」。

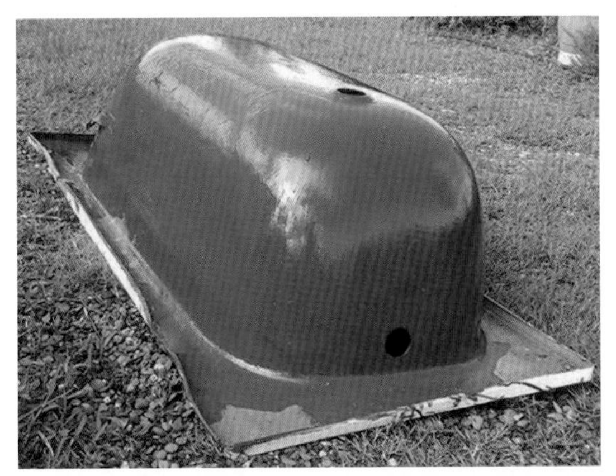
▲ 油底、面漆

▲ 挖洞

▲ 完成接管

▲ 完工後的華清池

第4節：自建五星級的「雞舍」（2016.10.20）

按歐盟人道養殖雞鴨的標準～每平方米不能超過一隻，愉園規劃可養100隻的養殖場～包括先前完成的雞鴨飲（戲）水用華清池及能防雨防曬的5坪雞舍、35坪（約110平方米）的活動場。經過兩個星期，自己當鐵工、水泥工及粗工的努力，總算完工了。劉爸爸及女園主驗收時非常滿意，並讚稱爲六星級養雞場，今介紹其施工程序如下：

一、規劃設計、精確算料及進料。
二、定位、標線、抓水平及挖洞（約60公分深）。
三、固定雞舍及活動場鐵門。
四、用50～60公分鋼條釘入洞底並露頭約10公分，以增強基礎穩定。
五、將支柱鏗管套入鋼條頂端，並放石塊、灌水泥及用水平儀抓垂直。
六、將屋頂橫樑套入支柱，並加蓋屋頂（屋頂部分由具電焊及鐵工專長的鄰居洪先生幫忙施工）。
七、用固定夾將垂直及水平鏗管固定，並油防鏽漆。
八、用小孔圍網圍雞舍週邊卽完工。
九、活動場圍籬用雞舍支柱及圍籬方式施工，唯每1.5公尺固定一支卽可。

養殖場完工後，前天首批雞鴨進駐，看到牠們在寬大的空間活動覓食、戲水快樂無比。期盼～有機煎蛋、蛋花湯、烤鴨、芋頭鴨及桶仔雞、茄茎雞、三杯雞……的到來。

▲ 基礎固定桶～購自回收場每個10元

▲ 定位、標線、抓水平及挖洞

▲ 置入石塊、灌水泥，並保持支柱垂直

▲ 雞舍主架構完成

▲ 屋頂架設

▲ 固定夾防銹及油漆

▲ 雞舍完工

第三章
泥作類

第1節：新建的花園、菜圃「工作道」（2016.01.30）

在小型花園或菜圃用石板（較貴）或磚塊（較經濟）隔成工作道有下列優點：

一、人、花（菜）分離，利於植物生長及人爲農務。

二、可防止（或減少）土壤、水分及肥料流失。

三、增加園區造型及整體美觀。

愉園先前建造了竹台及堆肥箱（場），最近又完成了菜圃及花園的工作道。其施工程序如下：

一、以55公分寬設計三條（各長14公尺）菜圃及一條（長30公尺）S型花園工作道。

二、用細繩兩端固定並標線。

三、用鏟子、小鋤頭沿標線挖深、寬各10公分的溝。

四、將磚直立緊靠埋入土中。

五、用土壓實磚塊並對齊標線。

六、在工作道上再填土壓實（平），並舖上抑草蓆（防生雜草）即完工。

完工後看到女主人在工作道上摘菜、賞花時的滿意笑容，兩週來的辛苦都值得了。

後記：經計算進購3000塊磚，做完竹台、堆肥箱（場）及工作道後，僅僅剩下10塊磚而已。可見事前的設計及算料是非常重要的。

▲ 購入3000塊磚

▲ 露天菜圃與網室菜圃間工作道

▲ 人菜分離～女主人摘菜中

▲ 花園工作道

▲ 花園工作道全景

第2節：自建六角形有機「堆肥場」（2016.01.07）

愉園近期正申請環保農場（審查中）。本園將砍除之樹枝、草葉……等堆積發酵成有機肥。原使用木製堆肥箱，因日曬雨淋已漸損壞，以自建竹台之經驗，再花三天時間完成磚造的有機堆肥場，建造流程如下：

一、設計六角形，每邊1.2公尺、高0.8公尺、厚0.2公尺、兩清除口之堆肥場。

二、標線、抓水平及整地。

三、自回收場買廢鋼筋固定及級配後，灌漿約10公分厚水泥當地坪（基）。

四、開始以5（砂）：2（水泥）比例砌磚，並注意交錯及水平。

五、砌磚完成後，內側及上緣以1（砂）：1（水泥）比例修面補強，即算完工了。

完工後，雖然每年僅能製造約3至5包的有機肥，與每年實際用量（約120包）差很多，但也算是爲地球的生態環保盡了一份小小的心力了。

▲ 原木製堆肥箱

▲ 挖完地基

▲ 舖級配及鋼筋

▲ 地坪灌水泥

▲ 砌磚及架通風口

▲ 堆肥場完工使用中

第3節：當五天水泥工的成果～「竹台」完工（2015.12.22）

女主人是四君子的愛好者，特別偏愛竹子，尤其是各種觀賞竹。應女主人多次指導（示），只好DlY當水泥工了：

一、設計長8公尺、寬1.2公尺、高（含深）0.8公尺，劃分五格之竹台。

二、買磚3000塊（另含菜園及花圃步道用磚），建材行是以500塊爲一單位販售。

三、先量水平、標線，挖深30公分、寬20公分的溝當地基，再壓實及塡級配以鞏固地基。

四、開始砌磚，並一面量水平，砌磚時要先對地基及磚澆水，注意交錯（台語叫交丁）及水泥和砂之比例（濃度）。

五、砌完磚後，塡補內層漏洞（防竹竄根）及修補外牆面（美觀）。竹台就算完工了。

隨卽混塡入泥土、有機質及基肥，定植了女主人早已準備的唐竹、黃金竹、羽狀竹、葫蘆竹及黑竹共五種觀賞竹。種完竹子後女主人每天照顧及觀賞高興極了。

結論（心得報告）：「排除萬難，讓太座（有人稱領導）高興」，是男人想過愉快退休生活的不二法門。

▲挖地基

▲竹台施工中

▲竹台完工

▲唐竹

▲黃金竹

▲羽狀竹

▲葫蘆竹

▲黑竹

第4節：「庭院三人鞦韆搖椅的設置及自建兒童玩沙池」（2020.12.10）

園區設置些石桌椅、鞦韆搖椅、藝術雕像及玩沙池，有美化及實用的功能。爲迎接孫女小瑀首次來愉園過年，陸續自建庭院三人鞦韆搖椅的設置及兒童玩沙池的自建，其程序如下：

一、三人鞦韆搖椅設置

1、選擇地點後，按鞦韆的水平長、寬加長20～30公分挖地坪深約15公分並保持水平。
2、用磚塊當地坪的四週邊框並用水泥內外側固定之。
3、用回收場購買的廢棄鍍管、鋼筋（條），橫、縱交叉並用鐵線固定。
4、填中、小粒石頭當級配，並多次澆水使地基更穩固。
5、用水泥（1）：砂（2）比例混合灌入填滿並抹平。
6、按鞦韆搖椅組合說明書，先完成主支架的架設。
7、再來坐椅部分的固定。
8、最後頂棚的架設。

上述工序備好料後，一個人就可完成，耗時合計約2～3個工作天。

二、自建簡易兒童玩沙池

1、視大小需要，可用砌磚（大）、石板（中）或大型塑膠盆（小）當池邊。
2、先挖地坪及抓水平，盆內深20～40公分，盆邊垂直比原地面高2～3公分。
3、用電鑽將大水盆鑽3～5個小洞並用細沙網蓋住小洞，以利排水。
4、將大水盆置入挖好的凹洞，將原土填入盆邊四週，並調整水平。
5、將細沙（最好買白色的沙）置入大水盆約9分滿，剩的沙可平均布放盆邊四週。

期待聽到孫女小瑀來愉園玩鞦韆搖椅時的歡笑聲及玩沙時調皮且快樂的樣子。

▲挖地基、保持水平及磚塊框邊

▲鋼筋及級配

▲ 地基（坪）完成

▲ 挖洞量水平

▲ 座椅部分完成

▲ 置入適當大小的空盆

▲ 頂棚完工

▲ 置入細沙即完成

第5節：「爲自走式割草機建立PMS計劃保養系統及自建儲藏庫房」（2021.11.04）

有機種植不能用除草劑，草長長了只能用割草機人工割草，其頻次：夏季約每3週，冬季約每5週割草一次，原用背負式割草機，愉園約4分地，每次耗時4～5個工作天，費力費時，爲提昇割草效率，今年特申請農機具補助，採購了自走式割草機（中型割草機）。

爲延長割草機使用年限，特別參用了海軍各種裝備的PMS「計劃保養制度」，經協調購買的農機行及廠商，將自走式割草機劃分爲三個層級的保養及維修，律定的相關權責如下：

一、初級（0級）：由使用者愉園園主做一般保養～包括外部清潔防鏽、加黃油潤滑組件、加汽油、換機油、清潔及換新火星塞、空氣過濾網等。

二、中級（1級）：由高樹地區農機行做中度保養及維修～包括換齒輪箱油、調校及更換濾油器、化油器、受損刀片、傳動皮帶、鋼索、離合器、輪胎及其他組件。

三、廠級（D級）：由原製造廠做深度維修～包括引擎、主變速箱、骨架……等總成維修及換裝，並確保各種大小零附件供料無虞匱乏。

另平時自走式割草機必須要有遮風擋雨的儲藏庫房，以延長使用壽限，其庫房以泥作爲主，自行施工程序如下：

一、選好地點做好水平，並量好尺寸，再挖地基（溝）～寬及深各約20公分。

二、先對磚塊及地基澆水，按水泥（1）：細沙比（3）比例混合，再加水調和，就可開始砌磚了。

三、砌磚時，水平先舖泥沙再將磚塊對齊砌上，水平保存0.5～1公分逢隙，砌上一層磚時，先用調好的泥沙補滿，每層磚砌時上下都要錯開，以增強堅固性。

四、拉水平及垂直白線，隨時注意調整磚塊的水平及垂直狀態。

五、算好料件，頂層用鉦管固定支撐。

六、外側垂直面再用調好的泥沙抹平，除能防水外也較美觀。

七、底層可用鐵網當骨架，再舖一層泥沙，再用鏝刀抹平。

八、用尼龍繩將厚塑膠皮（或用鐵皮屋的鋼瓦片）固定頂層鉦管，庫房即完工。

九、爲充分利用空間，特於左側加建一雜物庫房，用塑膠層板墊高後，可儲放肥料等其他農用資材。

十、整個工程用2個工人（園主及小舅），工時約3個工作天，材料磚頭、水泥、細沙及鉦管等耗材約花6200元，節省工資約11000元。

▲ 加建雜物庫房

▲ 加蓋厚塑膠帆布當頂

▲ 主結構及地面抹平完成

▲ 自走式割草機入庫

第四章
水電類

第1節：可自行施工的「水管小工程」介紹（2021.09.20）

愉園除了農舍、灌溉池及深水井的水管馬達工程由水電師傳承做外，其餘園區所有的排（污）水及噴灌系統小工程均由男女園主自行施工，至今約已省下2/5的施工費用，除節省經費外，DIY完工時也很有成就感。自行施工水管小工程其要點如下：

一、施工前先向地區農田水利會申請灌溉池（桶）及噴灌系統補助，約可補助總經費的1/3左右。

二、先規劃園區灌溉池（桶）及噴灌系統施工圖，由深水井到灌溉池（桶），再到噴灌系統的水平管路，一般都用2英吋當主幹，接1.5英吋當支幹，均使用耐高壓的自來水用厚管（B管），且埋入地下約5公分（管上緣）深。

三、果樹區每5公尺（可視需要增減調整）佈一旋轉噴頭（或銅噴霧頭）、蔬菜區每2公尺佈一銅噴霧頭。

四、每一旋轉噴頭及銅噴霧頭處，由水平2英吋或1.5英吋管用OT接頭向上垂直接6分管，再接4分管及噴頭，以上均用耐高壓自來水厚管（B管），結合後高度約2公尺。

五、污（排）水或化糞水可用一般排污管，不必承受高壓及較耐腐蝕。

六、依規劃圖量好尺寸採購各種PVC塑膠管及配（組）件（有：開關閥、OL～垂直接頭、OT～T型接頭、OS～直線接頭、OY～Y型接頭...等），並按圖挖好溝槽15～20公分。

七、施工時備好：塑膠管鋸、塑膠錘、膠合劑及護目鏡。

八、按圖將塑膠管鋸好尺寸，先施做水平管路，再施做垂直管路，由源頭先接，將塑膠管及配（組）件接合處兩端先用膠合劑塗抹一圈，再用塑膠錘敲入緊密，等約1分鐘固定後再施做下一接合處。

九、水平管路接合完檢查無誤後，再用土回填，以防日曬龜裂及割草時受損。

十、噴灌塑膠管垂直管路接合完後，再用一長2公尺的6分鍍鋅鋼管當固定（垂直敲入土40～50公分）支撐。

十一、整個噴灌系統（或分段）完工後，約等4～6小時膠合劑完全固化結合後，即可開噴灌（水）潛水泵高壓測試及缺改。

十二、灌溉池的噴灌（水）潛水泵，馬力

裝配時應考量噴灌面積，原則1分地略高於1馬力。以愉園為例：噴灌面積約3.5分，使用5馬力潛水泵，可有較佳效能，且不易累積雜質。

十三、灌溉池附近避免種植大型果樹或會落葉的植物，以免落葉沉底被潛水泵抽吸到噴頭而造成堵塞。

十四、噴灌系統長期使用還是會有堵管現象，發現時立即處理，另每2年要拆卸噴頭清理乙次。

▲左～塑膠管專用鋸。中～塑膠錘。右～膠合劑。

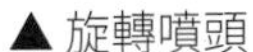

▲旋轉噴頭

▲銅製噴霧頭

第2節：園區「電氣系統」故障的處理經驗（2021.09.22）

愉園營運近10年來，電氣系統曾受颱風侵襲停電、雷擊斷電及損壞電器等故障狀況，累積的相關處理經驗如下：

一、一般農園大都位處偏遠鄉間，建議興建農舍及園區水電工程時，應找就近的水電師傅施工，較利於後續的緊急維修。

二、農園均有電壓110V及220V的電源及裝備，建議非水電專業的園主，遇修復難度較高或原因不明的電氣故障，最好找水電師傅檢修，以防觸電及受傷。

三、農園如位在雷雨區，應建避雷系統及預置欠相保護器、裝備的電磁開關及漏電斷路器等，另天晴時可打開配電箱檢查是否受潮及曬乾，連續雷雨時應考量將重要裝備及電器的電源關閉，以防雷擊而燒毀。

四、各配電箱保持水密，並放些樟腦丸（裝樟腦丸的塑膠袋用尖器穿幾個小孔揮發較慢），螞蟻、壁虎、蟑螂等小動物不敢接近。

五、有時專業水電師傅沒空，且故障原因單純明確修復簡易，可考量自行施工，其重點如下：

1、施工前應穿長筒膠鞋戴電氣用絕緣手套，並先關閉相關電源再施工。

2、先由源頭檢查故障原因，如突然全面停電，可先檢查台電電表右下方兩個小紅燈～如果都亮表示是園區內部問題，如一個亮另一個不亮或兩個都不亮（也可詢問鄰園是否有電？如也停電）就是台電供電出了問題，可報園區電號電請台電來修外線。

3、園區內部問題～全面停電：可先檢查總開關的欠相保護開關，如故障可自行更新。

4、園區內部問題～單項裝備不運作：檢查漏電斷路器、電磁開關及控時器等，如故障可更換，更換時務必換用同等規格的電器組件，以免更換後損及裝備。如更換上述組件後，馬達等裝備仍不運轉，則請專業水電師傅檢修。

5、農舍及庭院照明燈泡故障時，應可自行更新。

6、於室外佈設電源線時，應先穿入PVC塑膠專用電線導管內，再高架固定或埋入土中，以使電源線獲得最佳的保護。

後註：溫馨提醒～實在很怕電的園主，除了換燈泡外，其他故障還是請水電師傅來檢修較宜。

▲ 台電電表

▲ 總開關右下～欠相保護器

▲ 深水馬達電源控制箱：左2～漏電斷路器、左4～電磁開關、左5～控時器

第五章

複合類

第1節：可爲「平衡生態」盡點心力的小工程（2017.01.26）

愉園除了從事「有機生產」，同時也重視「平衡生態」的作爲，除了基本垃圾分類回收，也盡可能將回收物再生利用：

一、將不鏽鋼椅骨架，加上木板及油漆，完成精美而實用的置物架。

二、利用塑膠空桶當模板，完成燈座及棚架的基礎。也可當花盆及置珍貴果樹根部防割傷使用。

三、買回收場鋼筋（論公斤賣較便宜），經防鏽及油漆後，可當小型花樹固定支架（如用竹桿或木材易受潮腐爛）。

四、買回收場鐵（鋼）網當地坪骨架。

五、將汰換下的浴缸、洗臉及洗手台，改造成雞鴨戲水池及飲水器。

六、用回收場買回20公升空塑膠桶外用木條固定做成雞的孵蛋巢（桶）。

各位好友：愉園的上述環保作爲希望對您有所幫助，各地的資源回收場也可找到園區所需要的好物件喔！讓我們一起以實際行動爲「節約能源、愛護地球」盡一分心力。

▲ 由回收場買的不銹鋼椅骨架

▲ 完工的置物架

▲ 愉園的分類回收架

▲ 塑膠空桶～可由回收場購買

▲ 做燈座基礎

▲ 做棚架基礎

▲ 鋼（鐵）網當雞舍地坪骨架

▲ 用報廢鋼筋當果樹固定支架

▲ 洗臉台～雞鴨飲水器

▲ 洗手台～雞鴨飲水器

▲ 雞的孵蛋巢（桶）

第2節：近期完工的「十項小工程」介紹（2016.12.07）

當年經國先生推動的十大建設，讓台灣成爲亞洲四小龍之首……，令人懷念的年代。在緬懷之餘，愉園近期也自力完成下列十項小工程，其施工程序如下：

一、雞舍水泥地：考量衛生，將地面填成中高邊微低（利排汙水），由回收場買鐵網，向好友洪先生借水泥攪拌機，並協力舖完水泥地，再舖上稻殼，既衛生又可做有機（雞）肥。

二、雞舍內外飲水器：用廢棄的雙洗手台，一半在內一半在外，建立雞鴨飲水器。

三、圍籬：每兩公尺用一支1又2分之1英吋的鍍鋅鋞管，用垂直重鎚（可訂做）固定，塞上管塞防進水，並綁上鐵網，另於底層加更小格之塑膠網及防蛇尼龍網，可防小雞外出及蛇進入。

四、孵蛋架：用6分鋞管做垂直及水平支架，再用4分做水平支撐，並用管夾固定成上下4格，每格深高各約50公分。

五、孵蛋巢：向機車行要舊車胎（一般都免費），用20公升塑膠桶蓋當底，於車胎凹處填入空飼料袋（捲狀），再舖上碎紙、稻草及殼卽完成。

六、高吊飼料桶：將買來飼料桶加20公升塑膠桶身及活動蓋，另裝滑車將飼料桶高吊離地約10公分，可防潮及汙染。

七、高棲架：用6分鋞管當A型支架，加

上竹桿固定（大小適合雞抓牢）即完成。

八、果樹四週固定架：受風面較大果樹～如黃金果、檸檬，除中間主支架外，應於四週加強固定。用6分垂直及水平各4支，每支長2米，垂直入土部分（約60公分）要做防鏽油漆，量好位置，先做垂直再做水平即完成。

九、狗舍：用磚、水泥建一長寬高各約70公分的狗舍，現為日本白母雞的育幼巢。

十、補破網：網室經過三個強颱的吹襲，已有少許破洞，用大針、釣魚線及尼龍細網修補，可安心種菜了。

上述十項小工程施工法，希望對各位好友DIY時有助益，不但省工資、運動健身又有成就感，唯工作時應注意安全防範意外。

▲ 地面已舖上鐵網，用水泥攪拌機作業

▲ 泥作完成

▲ 孵蛋架

▲ 內外飲水器

▲ 高吊飼料桶

▲ 高棲架

▲ 防鏽處理～先紅丹防鏽再藍色面漆

▲ 果樹四週固定架完工圖

▲ 網室完成修補

▲ 鵝鴨的孵蛋巢

▲ 雞的孵蛋巢

▲ 狗舍

第3節：庭園石桌石椅的設置及注意事項（2022.09.02）

愉園的景觀樹長大後，今天在農舍附近的杜英樹下設置了一組石桌石椅。爾後好友來訪時，可在室外樹蔭下泡茶聊天，也可在星光下餐聚了。

庭院石桌石椅的安裝注意事項如下：

一、園區先選好位置並量測面積，一般約3公尺長X2公尺寬左右。

二、吊車的路寬約需3公尺以上，吊距最大約12公尺。

三、至庭園造景行選購適合的石桌及石椅，運費及碎白石另加計。

四、如園區路況及設置位置較複雜無法精算，可協商請吊運司機先來現場評估吊掛作業之可行性。

五、園區預置位置先剷（補）土抓水平，並舖一層小碎石當級配。

六、調好邊線及中心線，並預劃石桌一張及石椅六張（或四張）的位置。

七、妨礙石桌椅吊掛作業之樹枝條要先行修剪。

八、協調於天晴日配合吊運司機（一般只司機一人，無助手）吊掛至指定位置並用水平儀（自備）調整水平及試坐調整桌、椅間隙。

九、桌椅置定位後再舖美化的白色（或自己喜歡的顏色）小石頭，達到美化及防阻長雜草的功能。

十、石桌背面與基座接縫處用矽利康或AB膠黏補，以防孩童於桌面跳躍時，桌面滑落而造成意外。

十一、吊掛作業時注意人身安全。

設置順利完成後，看來別有一番風情，大家都非常開心。

後記

謹以此書～紀念我的父親：劉毅剛先生

（1925-2022）

家父民國14年出生於四川省榮縣的地主家庭，自幼上私塾飽讀詩書，並協助家業收租等工作，因正值抗戰立志報國，以初中學歷考入空軍受訓，並擔任飛機修護及機工長等職務，曾參加對日抗戰及國共內戰，民國37年隻身由四川隨空軍先遣部隊來台，隔年與宜蘭媽媽結婚後住台中清水眷村，陸續生了我們兄妹3人。

當年軍人待遇不高，工作之餘爸爸用家鄉的傳統技術製作工具，利用假日帶我打獵釣魚，補足我們營養不足並分享鄰居同袍，是我童年非常美好的回憶。在空軍傘廠任職期間研發許多降落傘的製程專利，並曾代表空軍參加國軍射擊比賽，榮獲空軍修護楷模及勳獎章無數，深獲長官的器重及同仁的敬佩，一直到74年以空軍修護士官長的階級退休。

印象裡的父親總是辛勤工作、愛護子女、待人寬厚、與世無爭，並與母親照顧孫輩們。我初中畢業進了海軍官校，在海軍歷任各種職務公務繁忙，一晃就40年，父子倆聚少離多，退休後9年前在屏東高樹買了地蓋好農舍，喜愛鄉野及農務的父親非常高興，常台中屏東兩邊跑，很樂意在愉園過鄉居生活，高齡的父親是愉園的國寶，來參訪的親友都喜歡尊稱他爲老帥哥，老帥哥仍能在愉園幫忙除草、餵魚、養雞養鴨、摘咖啡豆，並重溫釣（網）魚樂趣。這段父子相處的退休生活是父親極快樂、滿足及幸福的時光。

近年來父親身體日漸老邁，聽力愈來愈差，行走時要休息的時間愈來愈長，但仍堅持不坐輪椅，生活仍能自理。

111年1月28日上午7時以98歲高齡在愉園房間的搖椅上安然辭世，可謂福壽雙全榮歸天國。父親永遠是我們兄妹心目中一百分的好爸爸，家族晚輩及至親好友們的好長輩。

▲ 除草部隊指揮官

▲ 摘採瓠瓜

▲ 寶刀未老～一網2～30條

▲ 厲害了老爸～過年啃甘蔗

▲ 潮州冷熱冰好吃

▲ 在愉園自己做包子

▲ 教鄰居小朋友釣魚

▲ 海官龔同學來園區探訪老帥哥

▲ 全國最資深釣手

▲ 家族於台中歡慶老帥哥大壽

▲ 早晨的聖經（唱詩）課

▲ 四代同堂（共205歲）慶中秋

參考文獻

1、有機種植完全指南～Geoff Hamilton著，審定康有德／翻譯史久華，貓頭鷹出版（1999）台北。

2、有機農業促進法～行政院農委會農糧署頒佈（2018）台北。

3、運用原生植物推動生態綠化～行政院農委會特有生物研究保育中心編印（2004）南投。

4、造園（園藝科標準本）～羅清吉等四員編著（1990）花蓮。

5、台灣蔬果實用百科（1～3冊）～薛聰賢編著，普綠出版部（2001）員林。

6、果樹（園藝科標準本）～洪清煌等四員編著（1992）花蓮。

7、果樹～范念慈著，三民書局印行（1994）台北。

8、新興果樹栽培管理專輯～鳳山熱帶園藝試驗分所副研究員劉碧鵑、方信秀、張麗華主編（2011）台中。

9、圖解栽培繁殖技術～薛聰賢編著，普綠出版部（2001）員林。

10、果樹之營養診斷與施肥～諶克終，徐氏基金會出版（1998）台北。

11、台灣地區食品營養成分資料庫～行政院衛福部（2012）台北。

12、本草綱目～明代李時珍（1596），文光圖書公司（1979）台北。

13、圖解蜜蜂與養蜂～作者Yves Gustin伊夫顧斯坦/譯者劉永智，積木文化出版（2019）台北。

14、苗栗區農業專訊（第79、87、95期）～行政院農委會苗栗區農業改良場發行（2021）苗栗。

國家圖書館出版品預行編目資料

愉園築夢：有機小農與開心農場的實務經驗／劉蜀臺著. --初版.--臺中市：白象文化事業有限公司，2023.6
面； 公分
ISBN 978-626-7253-61-8（平裝）
1.CST: 有機農業 2.CST: 耕作
430.13 112000988

愉園築夢：有機小農與開心農場的實務經驗

作　　者　劉蜀臺
顧　　問　朱進財、周嘉蘋
執行編輯　劉秋華、劉森祥
校　　對　王廷俊
攝　　影　劉蜀臺、劉森祥
發 行 人　張輝潭
出版發行　白象文化事業有限公司
412台中市大里區科技路1號8樓之2（台中軟體園區）
出版專線：（04）2496-5995　傳真：（04）2496-9901
401台中市東區和平街228巷44號（經銷部）
購書專線：（04）2220-8589　傳真：（04）2220-8505
專案主編　陳逸儒
出版編印　林榮威、陳逸儒、黃麗穎、水邊、陳媁婷、李婕
設計創意　張禮南、何佳諠
經紀企劃　張輝潭、徐錦淳
經銷推廣　李莉吟、莊博亞、劉育姍、林政泓
行銷宣傳　黃姿虹、沈若瑜
營運管理　林金郎、曾千熏
印　　刷　基盛印刷工場
初版一刷　2023年6月
定　　價　550元